21世纪全国高职高专艺术设计系列技能型规划教材

版式设计

盛希希　唐立影　主编

内容简介

本书主要分为5章：第一章版式设计概念，主要介绍版式设计的起源和发展历程，以及版式设计基本概念、任务和性质等内容；第二章版式设计的原则，主要介绍版式设计中主题信息定位明确的原则，准确传达信息的原则，形式与内容相统一的原则，整体布局的原则等内容；第三章版式设计的原理，主要介绍版式设计的构成要素，版式设计的视觉流程等内容；第四章视觉元素的编排，主要讲授了页面结构，图片与图形的编排，文字的编排等内容，其主要目的是拓宽学生对版式设计的表达思路和方法，增强版式设计的视觉印象与表现力；第五章版式设计的执行运用，主要讲授了版式设计程序，如包装的版式设计、书籍的版式设计、宣传册的版式设计、网页的版式设计和招贴广告的版式设计等内容，其主要目的是训练学生的实践能力和运用能力。

本书可作为艺术设计专业教学用书，也可作为相关艺术设计从业人员的参考书。

图书在版编目(CIP)数据

版式设计/盛希希，唐立影主编. —北京：北京大学出版社，2013.2
(21世纪全国高职高专艺术设计系列技能型规划教材)
ISBN 978-7-301-21732-0

Ⅰ.①版… Ⅱ.①盛… ②唐… Ⅲ.①版式—设计—高等职业教育—教材 Ⅳ.①TS881

中国版本图书馆CIP数据核字(2012)第294726号

书　　　名：版式设计
著作责任者：盛希希　唐立影　主编
策 划 编 辑：孙　明
责 任 编 辑：孙　明
标 准 书 号：ISBN 978-7-301-21732-0/J・0484
出 版 发 行：北京大学出版社
地　　　址：北京市海淀区成府路 205 号 100871
网　　　址：http://www.pup.cn　新浪官方微博：@北京大学出版社
电　　　话：邮购部 62752015　发行部 62750672
编辑部 62750667　出版部 62754962
电 子 信 箱：pup_6@163.com
印　刷　者：北京大学印刷厂
经　销　者：新华书店
787mm×1092mm　16开本　9 印张　204千字
2013 年2月第1版　2019 年1月第3次印刷
定　　　价：40.00元

序

过去的一年是我国高等教育不寻常的一年！许多高校及骨干教师都抓住了机遇，勇于探索，并取得了令人欣慰的成果，而本书也是其中成果之一。

在阅读了《版式设计》这本书的初稿后，发现这本书在三方面做得比较好。

一是适应了培养高素质设计人才的需要。随着社会文明的进步、国人生活水平的提高，人们对生活的品位及其欣赏追求日趋提升，而导致对设计人才需求的空前旺盛。培养高素质的设计人才需要有科学、适用、创新的质优教材，而版式设计课程作为艺术设计类专业的核心课程，需要一本配套的精品教材，而我认为眼前的这本《版式设计》是也。

二是拥有了一支打造精品教材的优秀教学团队。可以说，高等教育艺术设计专业教学工作在整个高校的专业建设与改革中是新兴而充满挑战的。本教材的作者，是长期从事高等教育艺术设计专业教学工作的一线教师，不仅具有年轻人特有的朝气和领悟力，其表现在对高等教育规律及其教学属性的把握，对设计工作实践活动的历练，以及对设计专项技术的认知、理解，而且能够生于专业创作灵感，施于社会实践检验，成于校本教学之中，也使得《版式设计》教材正如作者所言：“言之有物，清新实在，为同行乐教、学生乐学”。

三是满足了科学性、系统性、实践性的要求。注意引导学习者用观念、视觉思维理性地创造色彩空间、色彩意象，训练学习者对组织色彩能力的把握，为开发学习者的设计思维与创造能力奠定基础。较好地实现了教材的科学性、系统性和实践性。

正是如此，我很欣赏本书作者的大胆探索与创新。我更希望《版式设计》能够得到广大同仁的认同与推广，能够为广大艺术设计专业学子提供帮助、获益与进步！

是为序。

杨群祥　教授

广东农工商职业技术学院书记

2012年12月8日于红英书苑

前　言

在科技高度发展的新经济时代，我们的艺术设计教育应该强调和适应时代的需要，因材施教。版式设计目前作为平面设计专业的核心课程，它对培养学生创造性思维、强调主观创造、训练学生的设计美感，凸现设计的专业性和功能性方面，都起着非常重要的作用。

针对学生群体的特点，在编写本教材时，作者尽量做到通俗易懂、言简意赅，避免长篇大论。在对创意方法和表现手法的讲授上，做到切实可行，初学者容易理解和上手。为方便和加深读者的理解，在相关知识点的讲授上，精心挑选了经典作品或具有代表性的作品，并对作品进行深入的分析讲解，这有助于学生对新知识原理的理解与相关知识的消化与吸收，能有效地帮助学生读懂版式设计要领，提高艺术审美能力。

本书是编者多年学习及教学实践的总结。在编写过程中，参阅了国内外相关专著及教学经验。在此，谨向这些作者深表谢意。同时，非常感谢在编写本书的过程中给予大力支持的朋友们的无私帮助！尤其感谢杨伯科先生的鼎力支持！由于时间仓促，书中如有不足之处，真诚地希望读者和专家不吝指教。

盛希希

2012年11月于广州

目　　录

第一章　版式设计概念

教学要求：了解版式设计的起源和发展历程。

教学目标：正确理解和掌握版式设计的基本概念、任务和性质。

教学要点：掌握版式设计在平面艺术设计中的作用。

教学方法：课堂讲授与点评。

你是否曾经为一本版式新颖的书籍、构思巧妙的杂志或一张精美的卡片动过心？你是否曾想过，这些设计为什么会如此吸引人、打动人？这就是版面设计的魅力所在！全面地了解和掌握版式设计的相关概念和知识，可以为今后的设计应用打下坚实的基础。

第一节　什么是版式设计

版式设计又称版面设计、排版设计、版面编排设计等，它是视觉传达的重要手段，也是一种具有个人风格和艺术特色的视觉传达方式。版式设计是平面设计的一大分支，是在有限的版面空间内根据内容、目标、功能、系统的要求，将版面的构成要素——图片、文字、图形和色彩等，根据视觉方式和版面的需要进行有组织、有秩序地编排组合，以达到传达信息，吸引读者，帮助读者在阅读过程中轻松愉快地获取信息的设计方式。

版式设计涉及书刊、杂志、招贴、广告、包装、宣传册等平面设计的各个领域。好的版式设计能传达设计者想要传达的信息，并加强信息传达效果，增强可读性，使经过版式设计的内容更加醒目、美观。版式设计是艺术构思与编排技术相结合的工作，是艺术与技术的统一(图1-1和图1-12)。

图　1-1

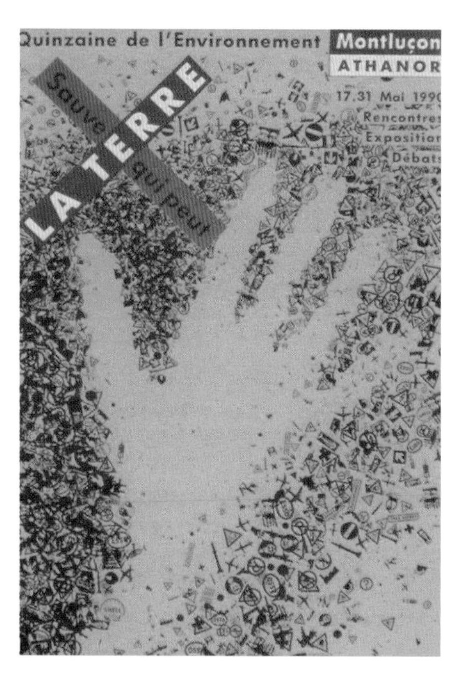

图　1-2

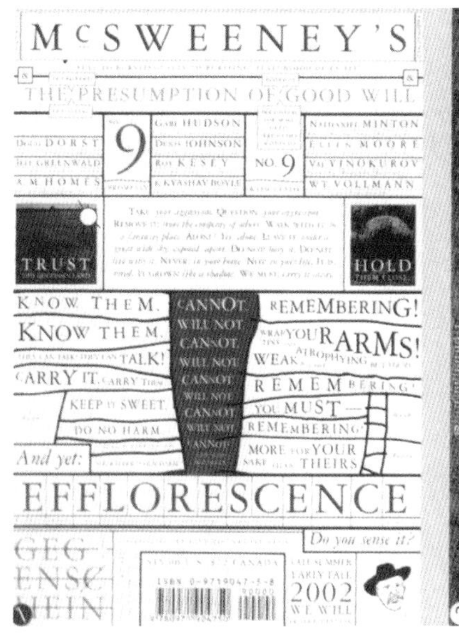

图 1-3

图 1-4

图 1-5

图 1-6

图 1-7

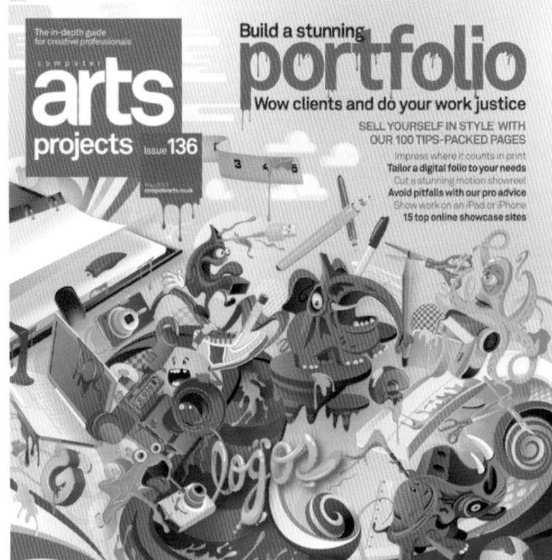

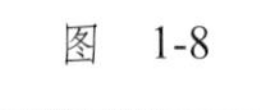

图 1-8

图 1-9

图 1-10

图 1-11

图 1-12

第二节 版式设计的发展历史

版式设计的发展经历了一个漫长的过程。版式设计的意识是伴随着人类文明的出现而产生的。早期人类传播信息的途径是通过手势、语言来交流，但却无法满足人类社会发展过程中保存和记载生活的内容和经验的需要，以及文明传承的需求。随着人类文明的不断发展，人们发明了各种符号和文字，如结绳、数石记事，进而在石头、兽骨、木头、竹片上刻画记事(图1-13)。随着印刷技术的出现，使手稿记录历史事件成为可能，这样版式设计就自然形成。通过对中西方版式设计的比较，可以了解版式设计的发展历史。

图 1-13

一、中国版式设计的历史

公元前1400年中国甲骨文和商、周的青铜文，是我国最早的版面编排作品(图1-13)。中国书籍最早从简册开始，简册背面写有篇名与篇次，这是为了简册卷起时，方便查找而显示在外面的文字，它相当于现代书籍的扉页部分(图1-14)，但因没有印刷发行，它还不是当代版面设计的开端。汉代的绢帛中出现了版式设计的雏形，如西汉的帛书《天文气象杂占》便将插图与文字混合编排(图1-15)。唐代佛教经书《金刚经》(图1-16)，几乎具备了版面编排的所有要素，可以看到版式设计的意识。可以说版面编排是在中国最早得到完善的。中国的书籍装帧凭借纸张和木版印刷技术的优势，影响了整个传统书籍的版面构成。宋代以后，由于印刷技术的普及，出版物的领域得以扩大，出现了图文并茂的图书(图1-17和图1-18)。

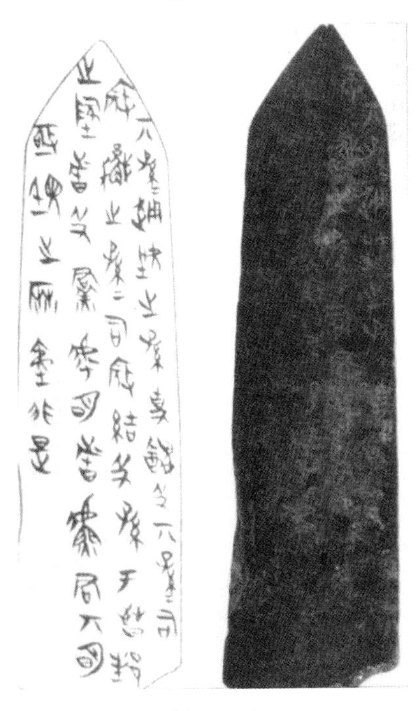

图 1-14

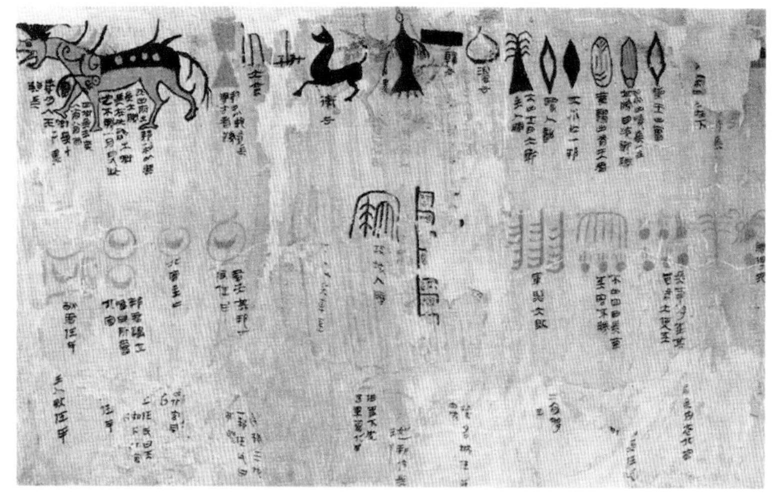

图 1-15

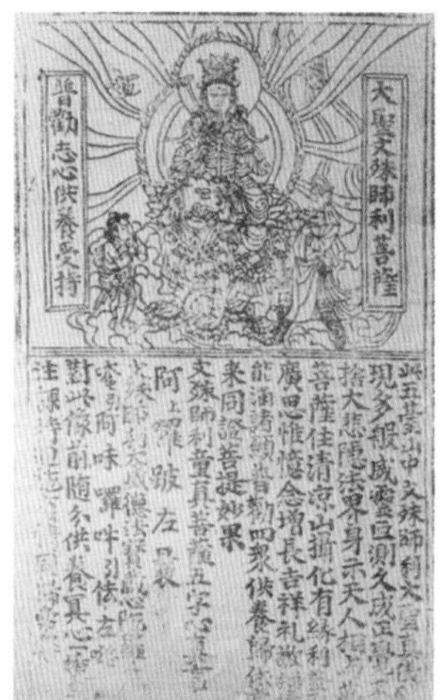

图 1-16

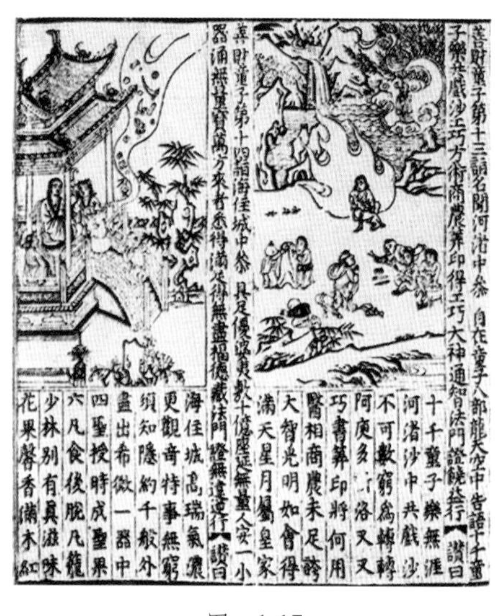

图 1-17

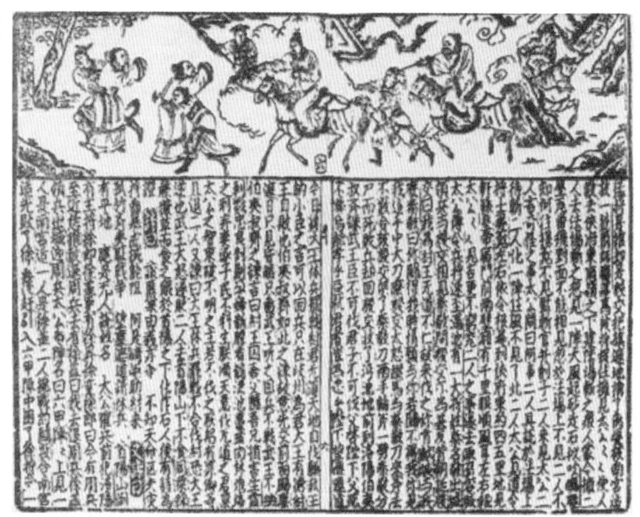

图 1-18

传统的中国印本书籍只印纸的一面，每一印张在中央部分对折起来，将一页分为两面。印张的印刷部分与木板大小相同，称为版面(图1-19)。在大唐时期，中国传统书籍形成了独特的版面风格，无论是封面还是扉页，都具有灵活多变的版面特征，保证了整个版面的整体性，体现内容与形式的多样性。传统中国书籍的版式是直排，从上到下，从右到左。订口在右，上边口大于下边口(图1-20)，这表现了中国的传统文化，与中国画的构图有着重要的关联(图1-21和图1-22)。

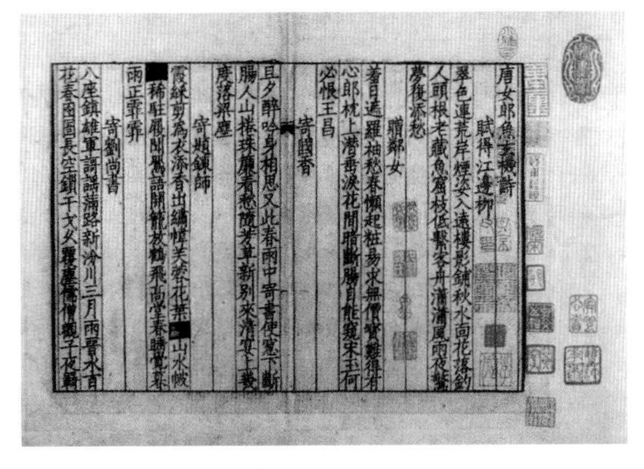

图 1-19

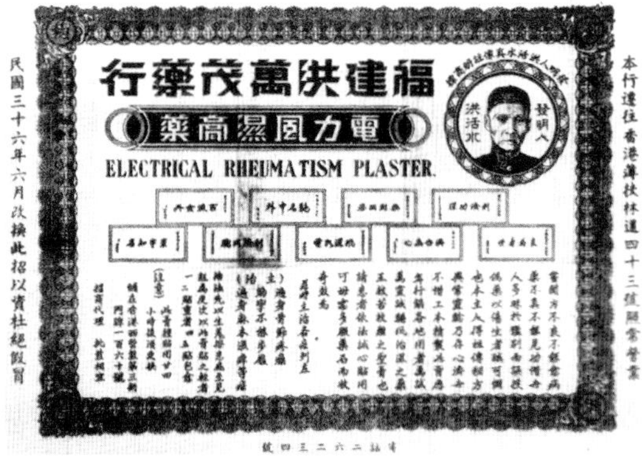

图 1-20

图 1-21

图 1-22

二、西方版式设计的历史

图 1-23

古埃及是文字的重要发源地之一。公元前3100年前后，古埃及人用以图形为中心的象形文字从事记录，出现了两河流域的苏美尔人刻画文字符号的泥板(图1-23)，这应是国外版式设计的最早记录。公元前1500年开始出现大量埃及草纸文书，这些被记录在草纸上的文字对于平面设计影响很大，被视为“现代平面设计雏形”。特别是亡灵书具有典型的版式设计意识，文字与精彩插图巧妙结合、混合布局、整体统一(图1-24)。西方的书籍跟报纸样式相类似，直到18世纪才开始抛弃标准图书格式，在尺寸和纸张上有所不同。19世纪中期由于印刷机的改良，版面设计以竖栏为基本单位，文字与图片都很小。到了19世纪下半叶，英国兴起了“工艺美术运动”，其代表人物威廉·莫里斯是著名诗人、画家、建筑家、字体设计家、书籍艺术设计家。威廉·莫里斯不仅创作了凯姆斯科特印刷品，还倡导革新书籍艺术运动，风靡了欧洲各国，在某种程度上唤醒了欧美各国的艺术家对书籍艺术质量的责任感，它标志着现代设计时代的到来。版面上突破了栏的限制，横排文字和水平式版面开始出现，当时出现了大的彩色图片(图1-25和图1-26)。20世纪60年代，版面设计受到空前重视，版面以色彩和图片为基础，用大量文字与图片来传达信息，并出现了留白，这成为西方版面发展史上的一大转折。20世纪80年代，随着电脑技术的普及和出版印刷系统的运用，更新了设计师的设计观念，电脑成为设计师必不可少的设计手段，设计师利用相关电脑软件可以快速、轻松地模拟版面效果，使全球的设计领域在主流界限上变得越来越模糊。

图　1-24

图　1-25

Dis buch heisset ein geistlicher rosen
gart vnd ist von sant katherinen
von der hohen senen die da gewese
ist ein himelscher mensch vnd ein ir-
denischer engel das hat gemachet vnd geschri-
ben der wirdig general predier ordens brud
raymund der do tod ist vnd begrabe ist zu nu-
renberg i der bredig closter
Es was ein man in der
stat senensi in dem
land tuscie der hiess iacobus
der was ein slehter man
on alle vnkuschheit vnd on
vntriuwe er het got vor
ougen vnd hielt sich vor
sünden Do im sin fründ
in tod waren do nam er
ein frowen die hiess lapa
die was och frum stetis in
dem hus vnd die het ge-
nug wes sy bedorfte in
dem hus Dise frowe was gar [illegible] vnd alle iare
gewan sy einen sun oder ein tochter vnd etwenn zwen
zwyling mit einander Die selb lapa seit irem bichter
von irem von irem wiert iacobus das er nie so zor-
nig wird das er kein über flüssig wort [illegible] [illegible]
munde [illegible] liesse noch kein vngedultiges Aber wenn
er sach das ein mensch den vngedultigen wort [illegible] in

图　1-26

单元训练与拓展

思考题

(1) 版式设计的目的和任务是什么?

(2) 传统版式设计对现代版式设计的影响有哪些?

第二章 版式设计的原则

教学要求：了解版式设计的思考过程、版式设计的原则。

教学目标：正确理解和掌握版式设计的具体表达方式。

教学要点：熟悉版式设计的创意设计和版式设计的整体化构成。

教学方法：课堂讲授与点评。

第一节 主题信息定位明确的原则

版式设计的主要目的就是传达信息，因此对版面信息的定位就显得尤为重要。版面信息的定位可以从两个方面考虑：一是针对读者群体的定位；二是针对版面主题的定位。

一、读者群体定位

在进行版式设计时，对版面的处理不能盲目地进行，而是要根据读者定位，即读者群体来进行编排。通常情况下，页面版式所呈现出的视觉感受会吸引某一特定人群的关注，因此在进行版式设计之前，一定要明确大众群体中的目标对象，根据这类群体的年龄、喜好等特点来确定版式的定位。例如，在面向年轻人群的时尚杂志设计中，应体现出年轻、时尚、个性化的特点(图2-1～图2-4)。面向儿童的读物应该根据儿童的年龄来进行设计，无论是版面的色彩，还是文字的选择，都需要相应地符合儿童的审美趣味。儿童读物版式设计尽量多图少文，配以色彩鲜明、富有趣味的图片和少量文字(图2-5～图2-8)。针对中老年人或比较严肃的读物，在编排中不宜使用色彩繁杂、版面元素搭配混乱的设计，需注意文字的编排，在内容编排上要通俗易懂，规整大方，符合常规的阅读习惯即可(图2-9和图2-10)。

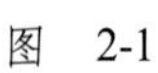
图 2-1

图 2-2

图2-1～图2-4这4幅版面设计选用年轻男女作为主题，灵活、醒目的文字配置，赋予版面活力、朝气、自由的形象，而文字运用亮色，增强了版面的设计感，给人以简约、时尚的感觉。

图 2-3　　图 2-4

在图2-5～图2-8这4幅儿童读物的封面设计中，高明度、高纯度的鲜艳色彩可使版面给人留下欢快、活泼的印象。

图 2-5　　图 2-6

學步 XUEBU
浙江省义乌市文亭中学
学步文学社编
文亭中学学步文学社（2008.1）

图 2-7

English Phonics
英语自然拼读法
（适合中小学生或对英语无基础的学生）
Let's study English!

图 2-8

图2-9和图2-10利用规整的图片和文字摆放，使版面呈现出简洁、流畅的视觉感受。选用较大的文字字号，同时注意首字的放大使用和大小文字的层次关系，使版面简单明了，易于阅读。

FROM THE EDITOR

BY DAVID ZINCZENKO

Muscle in the Bank

Your workout and your 401(k) have more in common than you think

IF YOU'RE A HARDWORKING PROFESSIONAL with a commitment to fitness, you're occasionally faced with the question (usually posed by someone with a thicker waistline than yours), "How do you find time to go to the gym?" But if you're a hardworking professional with a commitment to financial security, no one ever asks, "How do you find time to go to the bank?"

Part of the reason for that, of course, is that unlike your bank account, you can't manage your body online . . . yet. (Though we do have an app for that.) But another part has to do with a basic misunderstanding of saving and investing, versus spending. If you go to the bank and shift funds into your IRA, people say you're "investing" in your future. But if you go to the gym, they say you're "spending" your time there. And that's one reason why so many of us become discouraged in our pursuit of fitness—it so often feels as if there are more important things to do, that we're "spending" precious time on a luxury.

But what if you looked at going to the gym the same way you look at going to the bank? What if each workout wasn't a matter of time spent, but of time invested? And what if muscle paid dividends, and the more you invested early, the bigger the payoff later on?

That's exactly the way you should be thinking of your fitness, both financial and physical. Just as you should start investing for retirement while you're young—even if you don't feel you can afford to—so too should you start investing for the future healthwise, long before vital body systems threaten to break down. Because whether it's your body or your money, failing to invest early will cost you dearly over the long haul. In fact, if you're not investing now, you're losing ground.

Here's why: When you put your money under a mattress instead of investing it, you lose about 3 percent a year, give or take, because of inflation. Same thing with your body: Without investing in exercise, the average man loses about a pound of muscle mass every 5 years after the age of 25—and beyond age 50, his muscle loss picks up rapidly. (And that leads, of course, to a different kind of inflation.)

The good news is that being financially sound and being physically sound usually go hand in hand. In "Outrun Financial Stress," author Richard Sine points out that the same self-discipline that helps guys hit the gym also helps them make it to the bank. In fact, the typical *Men's Health* reader is saving money at double the rate of the average American. But Sine points out another, less reassuring fact: We're still not doing enough.

So this month, take stock of two of your greatest investments—your financial portfolio and your physical one. Think of them as one and the same, with equal value. (After all, poor physical health is the fastest way to erode your finances, and financial stress is one of the worst hazards to your health.) And the next time someone asks you where you're going at lunchtime, tell them you're going to the bank—even if you're going to the gym.

DZ

"

THE SMARTEST THINGS EVER SAID ABOUT . . . PLANNING FOR THE FUTURE

Never invest your money in anything that eats or needs repainting.
Billy Rose

Maybe someone should've labeled the future "some assembly required."
Jerry Doyle as Michael Garibaldi, *Babylon 5*

Life is what happens to you while you're busy making other plans.
John Lennon, "Beautiful Boy"

The best way to predict the future is to invent it.
Alan Kay

More people should learn to tell their dollars where to go instead of asking them where they went.
Roger W. Babson

There is no future in any job. The future lies in the man who holds the job.
George Crane

NIGEL PARRY

16 MARCH 2010

www.MensHealth.com MH

图 2-9

FE, SEÑORAS Y VÉRTIGO. LA CARA B DE LOS «PRITZKER»

FAITH, CLEANING LADIES AND VERTIGO. THE B-SIDE OF THE PRITZKER PRIZES

图　2-10

二、版面主题定位

除了根据读者群体进行定位外，还需要明确设计的主题，即进行版面主题的定位。只有明确了版面主题内容，才能为下一步具体的版式设计做好充分的准备，才能准确、恰当地进行版式设计。在以介绍产品为主的版面中，主要目的是介绍和宣传产品，树立该产品的品牌形象，因此在版式设计中可选用较多的图片展示，再配以适合的文字，以达到宣传产品的目的(图2-11～图2-18)。

图2-11～图2-14这4幅图的定位为室内装饰设计的版面，选用设计效果图作为版面图片，而版面上方以较大的字号作为标题文字，既能有效地传达出版面的主题内容，又能增强版面的醒目性。

图 2-11

图 2-12

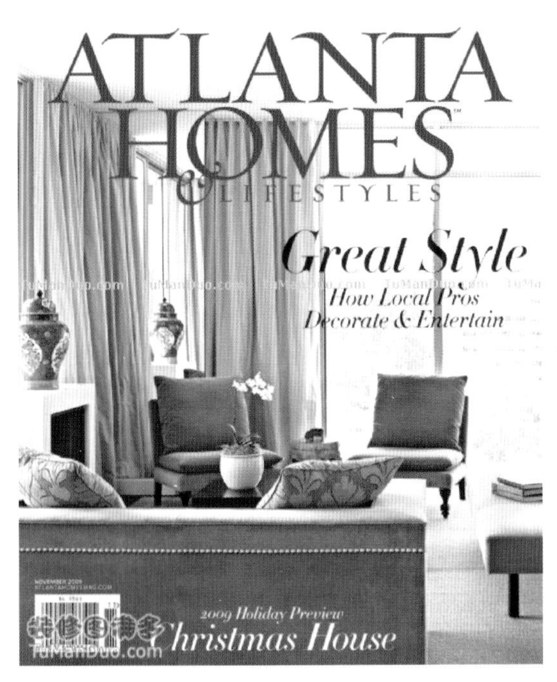

图 2-13

图 2-14

图2-15～图2-18这4幅图为设计类杂志版面，选用设计作品作为封面图片，准确、恰当地反映出主题内容。

图 2-15

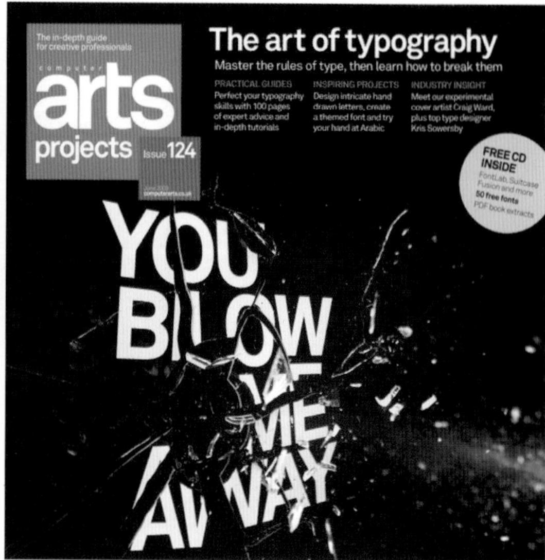

图 2-16

图 2-17

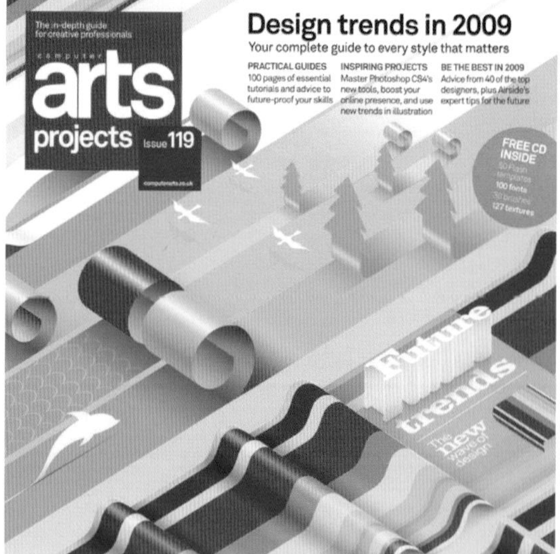

图 2-18

第二节 准确传达信息的原则

在对读者群体和设计主题进行定位后，就需要确定版面信息的准确性，包括对版式设计主旨的确定，以及对版面信息内容进行分析和确定，并选择合适的版式设计形式，从而最大限度地体现设计的功能和特征。

一、明确设计的主旨

明确设计主旨是十分重要的。所谓设计主旨是指当前设计想要给读者传达什么样的信息，达到什么样的目的。版式设计本身并不是设计的主要目的，而是更好地传播信息的手段。版式设计的最终目的是使版面产生清晰的条理性，更好地突出主题，达到最佳的视觉效果。在信息的处理上必须做到有主有次，条理清晰，内容表达精炼，能吸引受众的注意力，加深受众对版面内容的理解。为了使版面获得良好的诱导力，鲜明地突出诉求主题，可以通过对版面的空间层次、主从关系、视觉秩序及彼此间的逻辑条理性的把握与运用来实现(图2-19～图2-25)。

图2-19～图2-21的平面广告以夸张的图像做设计，将倾倒出的啤酒变化为北极熊形象，传达出该品牌产品冰爽、激扬、振奋的主题。

图 2-19

图 2-20

图 2-21

图2-22～图2-25这4幅图以简洁凝练的方法明确设计主旨，吸引读者对该产品拥有不同口味特征的注意。

图 2-22

图 2-23

图 2-24

图 2-25

二、对信息内容进行分析

准确传达信息也是版式设计的首要任务，要求设计师在版式设计中通过合理地搭配文字、图形、色彩等版面元素，从而在营造具有美感的版面的同时，达到通过版式设计准确、清晰地实现信息的传递目的(图2-26～图2-29)。

图2-27中版式设计的主要目的是介绍产品，因此在设计中，将产品形象清晰地展现在版面的重要位置，并结合文字的编排，可以很好地完成产品宣传的目的。

图　2-26

图　2-27

图2-28和图2-29将大量图形、色彩、文字等页面元素通过合适的版式设计，达到准确、清晰地传递版面信息的目的。

图　2-28

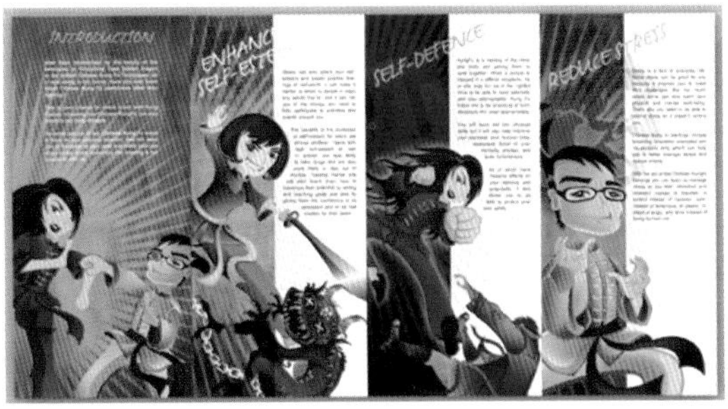

图　2-29

第三节　形式与内容相统一的原则

版式设计所追求的表现形式必须符合版面所要表达的主题，这是版式设计的前提。版

式设计所追求的不仅是完美的构图、漂亮的色彩，更要准确、巧妙地反映主题思想。单纯完美的表现形式而脱离内容，或者只追求内容而缺乏艺术的表现，都会使版式设计变得空洞和刻板，也就失去了版式设计的意义，只有将二者统一，找到完美的表现形式，版式设计才能体现出特有的价值。

一、准确传达主题的思想内容

符合主题内容的完美形式是表达设计意图的直观表现。一个与内容相符的形式不仅可以提升版面的悦目程度，还可以使信息传达更具生动性。

追求美的形式是人的天性，人们通常会不自觉地被美的东西所吸引并打动，作为视觉传达设计的一部分，符合设计主题的完美形式会使整个设计更加具有吸引力，使信息的接受过程成为一个视觉享受过程，并提升阅读的愉悦性(图2-30)。在深入分析并把握设计的内涵后，选择一种能够深入反映这种设计内涵和设计心态的形式，在体现形式的审美特征并吸引读者注意的同时，还能够从形式上体现出设计的内涵，通过视觉审美体验让人直观地感受到设计者的设计意图，使信息传达变得多样化，同时也使版面变得更加丰富(图2-31～图2-34)。

图　2-30

图　2-31

图2-31采用流畅的线型组织版面，带来强烈的动感，给人非同一般的画面质感。

图 2-32

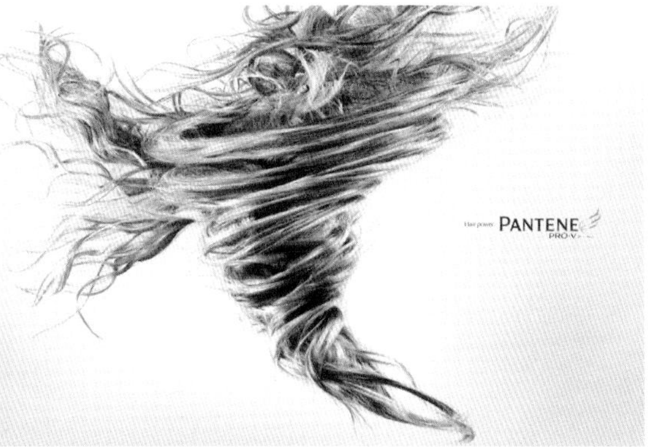

图 2-33

图2-32和图2-33选用曲线造型的图片，给画面带来视觉上的运动感，增强版面的流畅感。

A10 NACIONAL

NACIONAL A11

GOVERNO

Nova regra para grampos deve vir menos rígida

Depois de muita polêmica, projeto passa por mudança e versão que irá ao Congresso não será tão restritiva

Proposta amplia número de crimes em que escuta pode ser permitida

Família 206 brasileira passa a ser 100% Flex

Um carro 1.4 Flex com o preço de carro 1.0

Lula põe slogan em carro oficial e oposição reage

PFL denuncia uso eleitoral de bem público e vai ao TSE

Casa Civil alega que objetivo é dar mais transparência e evitar uso indevido

Entrevista

Carlos Velloso: Ministro do STF

'A corrupção corrói por dentro e faz ruir o regime'

Peugeot 206 1.4L Flex

R$ 25.990

O motor assusta.
O preço acalma.

206

PEUGEOT

PEUGEOT 206 1.4L FLEX FEITO PARA O SEU MUNDO

'Vivemos a mais democrática das Constituições'

Não há prazo para indicar substituto

图 2-34

图2-34中设计师在原本平稳的版面结构中安排了令人惊奇的设计，使该设计成为整体版面的焦点，给人丰富的视觉感受。

二、符合内容的形式更具表现性

形式是由内容决定的，它的选择必须要符合内容所要传达的信息。设计具有很强的目的性，这就决定了版面上的任何元素都是设计传达所必需的。版面内容是设计的主要表现对象，设计师进行的版式设计是为了使版面更加充分地表现这些内容。也就是说，一切围绕内容进行的设计都是必要的，包括对形式的选择，它也必须围绕这个主题。

版面形式与版面内容具有同等的重要性，版面形式是整体氛围构成的重要组成部分，紧密联系内容的形式使得信息的传达更加简洁和直接(图2-35～图2-38)。

Beauty Lab *Spray of Light*

Sheer, an adjective used to describe hosiery and lip gloss, is now being applied to new delicate fragrances. "It's a reflection of how we're living these days, which is more simply," says Rochelle Bloom, president of the Fragrance Foundation in New York City. "Rich floral scents were the rage when lifestyles were over the top. Now the world is less opulent and so are the fragrances." Keep it light with these expert tricks.

Pick a less concentrated form. More important than the kinds of flowers, fruits, or spices in the bottle is their concentration. Eau de toilettes (EDTs), colognes, and ancillaries (like body lotions and shower gels) contain less perfume oil (usually between 1 and 10 percent) than headier eau de parfums (EDPs) and parfums (which can contain 15 to 25 percent or more), making them less intense, says Stephen Nilsen, a perfumer at Givaudan, an international fragrance and flavor company. Try Mark Citrus Bloom Fragrance Mist **(2)**, $18, meetmark.com; Mr. Hulot's Holiday by CB I Hate Perfume **(3)**, $65, cbihateperfume.com; Faith Hill True **(7)**, $32, at drugstores; or Jo Malone English Pear & Freesia **(8)**, $100, jomalone.com.

Look for discreet notes. Green notes (like mint or green tea) and citrus notes (bergamot, lemon, or grapefruit) are light and unobtrusive. Tocca Bianca **(4)**, $68, sephora.com, and Acqua di Gioia **(5)**, $62, acquadigioia.com, combine green and citrus beautifully. "You can also find fresh-smelling floral notes—not all flowers are loud and heady like tuberose and gardenia," says Nilsen. (Freesia, honeysuckle, lilac, and lily of the valley are known for being light and wispy.) But never buy a scent based on ingredients alone. Light notes, especially citruses and delicate florals, are easily influenced by the acidity levels in your skin and can actually turn unpleasant, depending on your specific body chemistry. "You need to try on a perfume and wait at least two hours for the scent to completely unfold before buying it," says perfumer Christopher Brosius, creator of CB I Hate Perfume.

Opt for organic. Natural scents are a bit lighter and don't last as long as synthetic ones, partly because of how they're obtained. "We typically use steam distillation to carry the fragrance oils out of the plant, and this method of processing yields only the lightest, most fleeting extracts," says Nilsen. Synthetic fragrance molecules are made in labs, where chemists can design them to pack a punch and stick around. Some naturals to try: Korres Pepper/Jasmine/Gaiac Wood/Passion Fruit **(1)**, $45, korresusa.com, and Tallulah Jane Misae **(6)**, $48, tallulahjanenyc.com.

Easy does it. "Fragrance should entice those close enough to smell it, not slap them in the face," says Brosius. To apply, mist the crook of one elbow so that the scent wafts about as you move your arms, or spray the skin between your shoulder blades to give those who hug you a faint whiff. A single squirt is usually plenty. Nilsen prefers spraying perfume onto naked skin and then covering it with clothing: "This tempers the rate at which the scent escapes, making it subtler." ■

If you overdose on eau, pat your scented skin with a fragrance-free cleansing cloth or baby wipe to help mellow things out.

44 WOMEN'S HEALTH / September 2010 / WomensHealthMag.com

图　2-35

图　2-36

图2-35和图2-36的版面采用了图片环绕文字的集中说明的方式，切合主题的形式使版面更具表现力。

图　2-37

图　2-38

图2-38版面表现的是对急救措施的讲解与描述，将绘制的图片以去底的方式摆放在版面合适的位置，文字则以段落的形式分布在版面中，整个版面内容丰富、结构灵活，给人以生动的印象。

第四节　整体布局的原则

版式设计一般只有一个设计中心，所有的视觉元素都是为了这个设计中心服务的，这样就形成了一个中心明确的整体布局。即使是页数较多的版式设计，设计者也会想办法设计一些联系与之呼应，增强版面的整体关联性。成功的版式设计会将所有的视觉元素融合到一个整体中，以整体的形式和张力传递出视觉信息(图2-39和图2-40)。

图　2-39

图　2-40

图2-39和图2-40均是运用形状及色彩建立版面的整体性典范。运用形状及色彩的分割为版面划定功能区域，同时运用形状及色彩将版面元素联系起来，以建立版面的整体性。

一、从黑、白、灰关系上考虑整体布局

在版式设计过程中，可以将编排元素抽象化，用平面构成中的黑、白、灰原理来分析版式中的整体布局，可以利用色彩明度反差形成版面节奏。

图形与图形、图形与文字、文字与文字之间都是可见的形与形的构成关系，还需注意的是编排元素与空白空间之间正负形的构成关系，可将正形的编排元素与负形的空白空间在视觉上看成一个整体，通过黑、白、灰的明度对比，使主题元素更加突出，信息层次更加分明(图2-41和图2-44)。

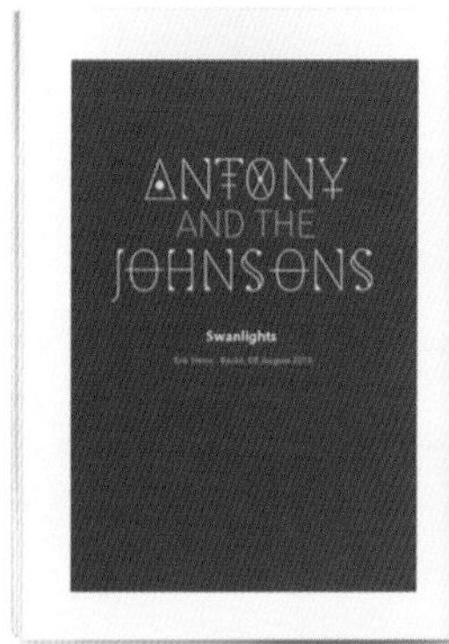

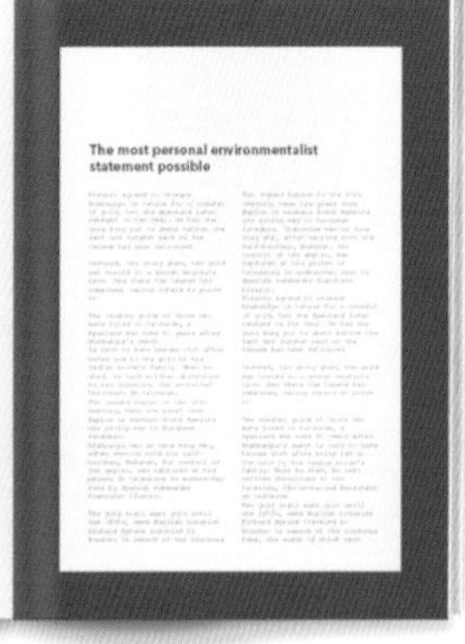

图 2-41

图 2-42

图2-41和图2-42的图片、标题、文字及版面空白形成黑、白、灰的对比关系，整体版面明暗对比明确，结构清晰、简明。

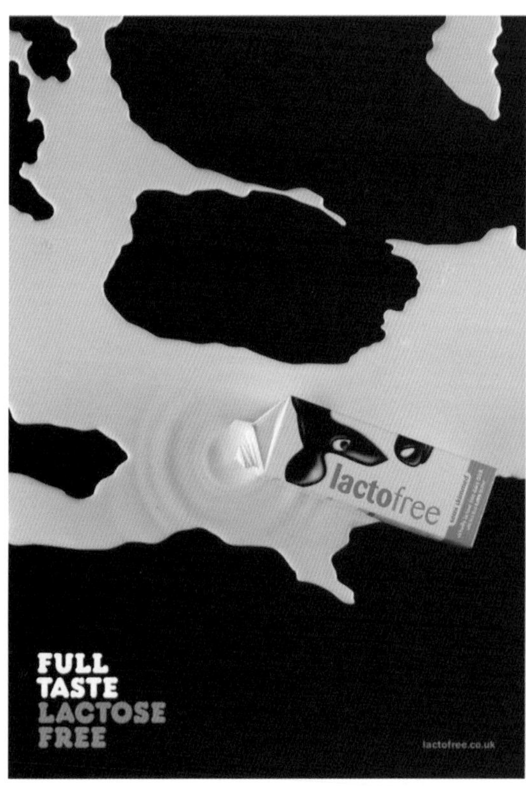

图 2-43

图 2-44

图2-43和图2-44主要使用黑白构成版面，在黑色背景上白色形状、文字和绿色的品牌标准色产生鲜明的对比效果，同时营造出强烈的视觉空间感与差异感。

二、直观简洁的图形构成版式的整体感

简洁的图形不是指图形的简单化。优秀的版式设计是把丰富的意义和多样化的形式巧妙地组织在一个统一的结构中。在版式设计过程中，如果能用尽可能少的结构特征把复杂的编排元素和信息组织成有秩序的整体，这样的版式设计就是简洁的。

1．编排的规律性和秩序性

当版面元素包含大量的文字和图形时，要注意编排的规律性和整体性，让读者在阅读时能迅速找到设计师版面元素的编排规律，实现顺畅阅读的目的(图2-45和图2-46)。

图2-45和图2-46通过对纷繁复杂的文字和图形进行整体归纳，使画面看起来富有规律性与秩序性，让读者的阅读过程轻松自如，而整体倾斜的造型为版面增添了变化。

图 2-45

图 2-46

2．整体造型的简洁

版式设计是将多个视觉元素编排在一起，形成一个整体结构，这个整体结构呈现出不同的造型特征。只有当整体造型比各部分造型的整洁程度高时，版式才会给读者简洁的感受，整体才会显得统一(图2-47和图2-48)。

图2-47和图2-48的版面在文字和图片上尽量保持简洁的样式，使版面呈现规整、大气之感。简洁的几何方形的使用是整个版面的点睛之笔，既保持了版面的整洁性，又使版面富有变化。

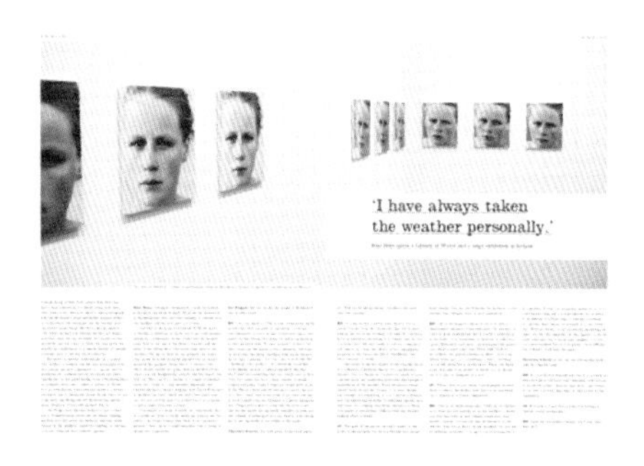

图 2-47

图 2-48

3．负形完整有助于整体简洁

版面中的空白空间不仅是作为设计的背景而存在的，它还是一种实在的形状。版式设计中，负形

的性质越明确，形状越有规律，衬托出其他编排元素相互间的构成就越具有整体性。因此，空白空间(也就是负形)应该被均匀地用在设计中，而不是被过分地分割。在设计过程中，要经常审视负形所呈现出的整体形状(图2-49和图2-50)。

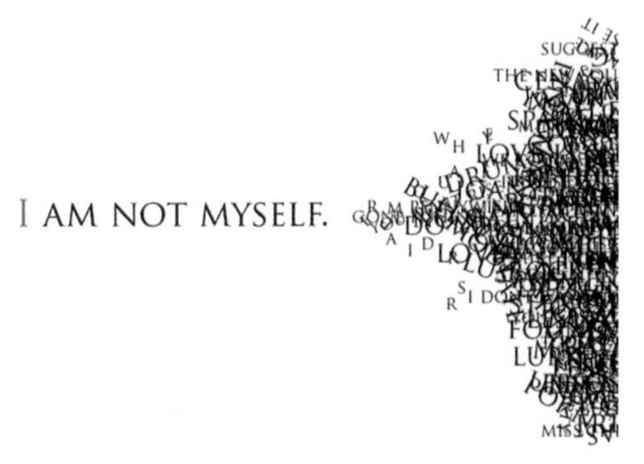

图 2-49

THERE IS A FORMULA OF OBSCURE
ORIGIN THAT A MAN IN A CROWD
REQUIRES AT LEAST TWO SQUARE
FEET. THIS IS AN ABSOLUTE MINIMUM
AND APPLIES, ACCORDING TO ONE
AUTHORITY, TO A THIN MAN IN A
SUBWAY. A FAT MAN WOULD SPATIAL INVASION
REQUIRE TWICE AS MUCH SPACE OR
MORE. JOURNALIST HERBERT JACOBS
BECAME INTERESTED IN SPATIAL
BEHAVIOR WHEN HE WAS A REPORTER
COVERING POLITICAL RALLIES.
HIS FORMULA IS THAT CROWD SIZE
EQUALS LENGTH X WIDTH OF THE
CROWD DIVIDED BY THE
APPROPRIATE CORRECTION FACTOR
DEPENDING UPON WHETHER THE
CROWD IS DENSE OR LOOSE.
personal space

图 2-50

图2-49和图2-50中正负形的合理运用有助于画面的简洁与整体，负形完整有助于作品整体的统一。

单元训练与拓展

课题：以“城市印象”为主题制作单幅或系列招贴

■ 要求：

(1) 在设计该系列招贴的过程中着重考虑主题鲜明、形式与内容统一、强调整体化布局等版式设计原则在招贴设计中的运用。

(2) 尺寸：38cm × 54cm。

(3) 时间：3学时。

■ 目的：通过招贴课题的训练，进一步掌握版式设计的原则。

思考题

(1) 版式设计有哪些基本原则？

(2) 遵循版式设计基本原则的必要性有哪些？

第三章　版式设计的原理

教学要求：掌握版式设计的构成要素和视觉流程。

教学目标：正确地理解版式设计原理，掌握版式设计的形式美法则。

教学要点：平面视觉要素的排列组合，视觉流程原理的实际运用。

教学方法：课堂讲授与点评。

第一节　版式设计的构成要素

点、线、面和色彩是版式设计中基本的视觉构成元素，彼此之间相互依存、相互联系，从而形成丰富的版面视觉空间。通过点、线、面和色彩不同的排列组合所产生的视觉效果，使设计作品具有无限的魅力。

一、点的构成

在版式设计中，一个单独而细小的形象可以称为点，点是相对而言的。在不同的版面中，点可以呈现出多样化的表现形式。点可以是一个字、一块色彩或一个图像。点由于自身大小、形态、位置的不同，所起的作用和产生的视觉效果也是不同的。点的形状、方向、大小、位置、排列、聚集、发散等都能给读者带来不同的心理感受和视觉冲击(图3-1～图3-9)。

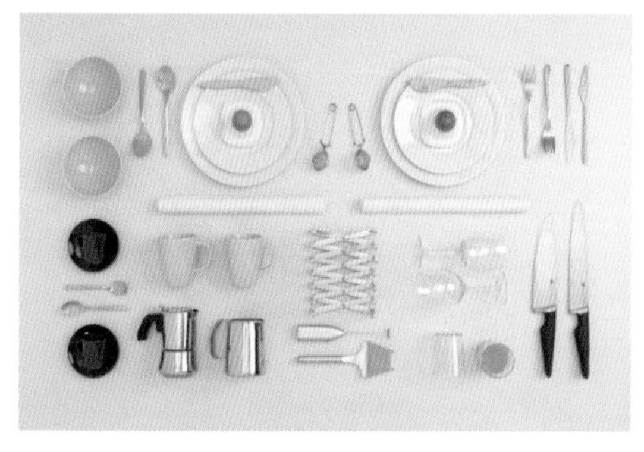

图　3-1

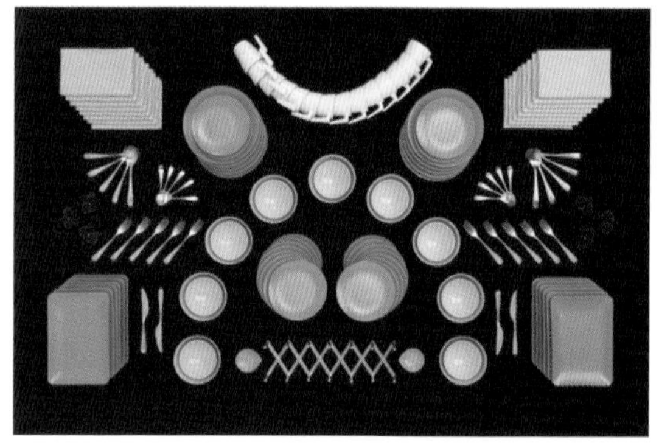

图　3-2

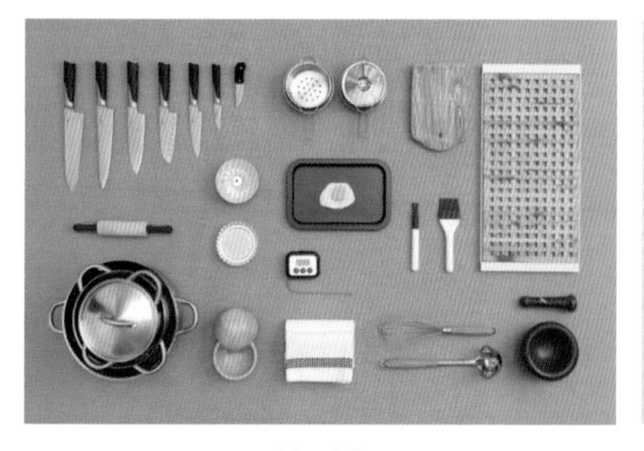

图　3-3

图　3-4

图3-1～图3-4在版面设计中，将大小形状不一的点进行统一编排，形成了一个平静、淡雅的视觉空间。

图3-5以点为设计元素，单纯的色彩点与圆形图片所形成的点相结合，形成了均衡又富于变化的版式。

图3-6将字母看作独立的点进行线化的编排，构成富有韵律的画面。

图 3-5

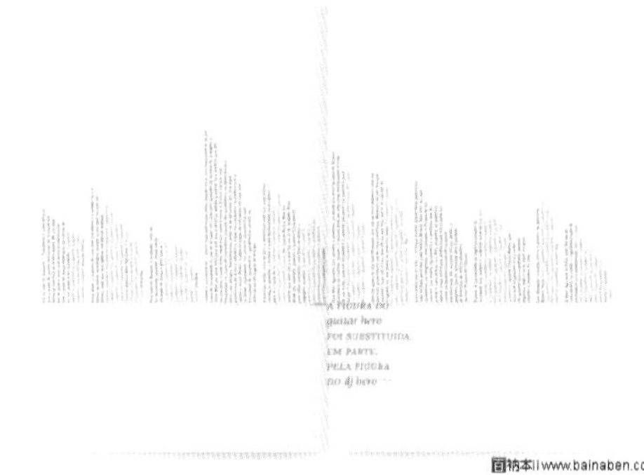

图 3-6

图3-7～图3-9中将点的面化运用到设计中，方便从整体上去把握版面的结构。这种由点形成的面可以给版面增加层次，同时也丰富了点在设计中的作用，用编排形成的一个形象的图案还有利于信息的直观表达。

图 3-7

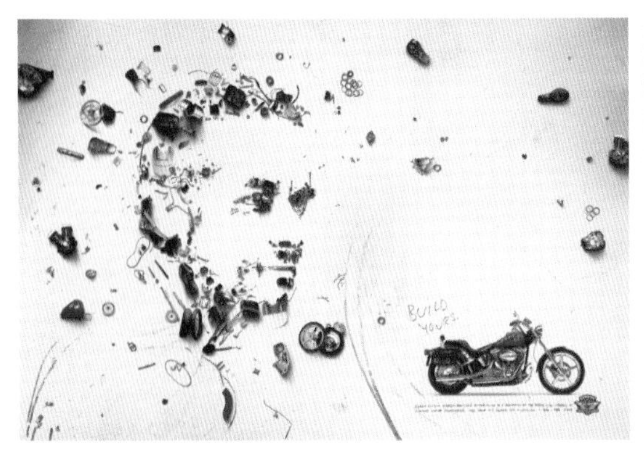

图 3-8

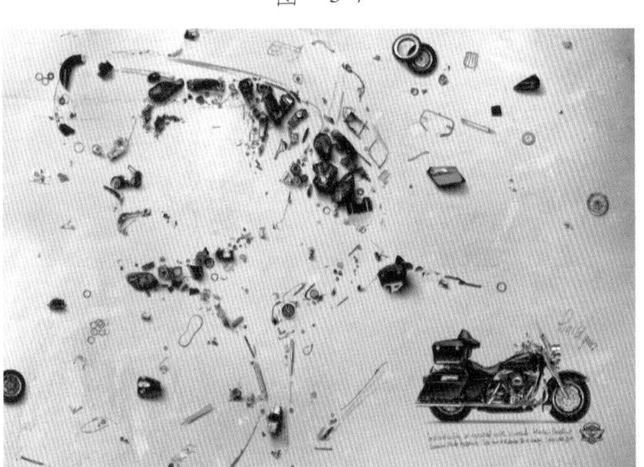

图 3-9

二、线的构成

线是决定版面形象的基本要素，具有引导读者视线和引发情感的作用，用于表示方向、位置、长短、宽度、形状和情绪等。线的形态主要有垂直、水平、倾斜直线、几何曲线、自由曲线等，不同线条的情感是不一样的，引起读者的情绪、感觉和想象也各不相同。

线可以串联各种视觉要素，可以分割版面和图像文字，可以使版面充满动感，也可以稳定版面。线与线之间的排列可以使版面具有节奏感，线的放射、粗细、渐变的排列可以体现三维空间的感觉，线的合理运用能使设计意图得到更好地传达(图3-10～图3-16)。

图3-10运用线条的肌理和线条排列样式进行表现，并通过线条的无序组合传达出特别的情感。

图3-11利用字母的形状形成线的排列，整体版式构成了繁简结合的节奏关系。

线产生在视觉心理上的聚散、散发、倾斜等不同张力是版面视觉传达不可缺少的一部分，同时线的产生对提升版面的吸引力和诱使视线长久地停留在版面上具有非常重要的作用。

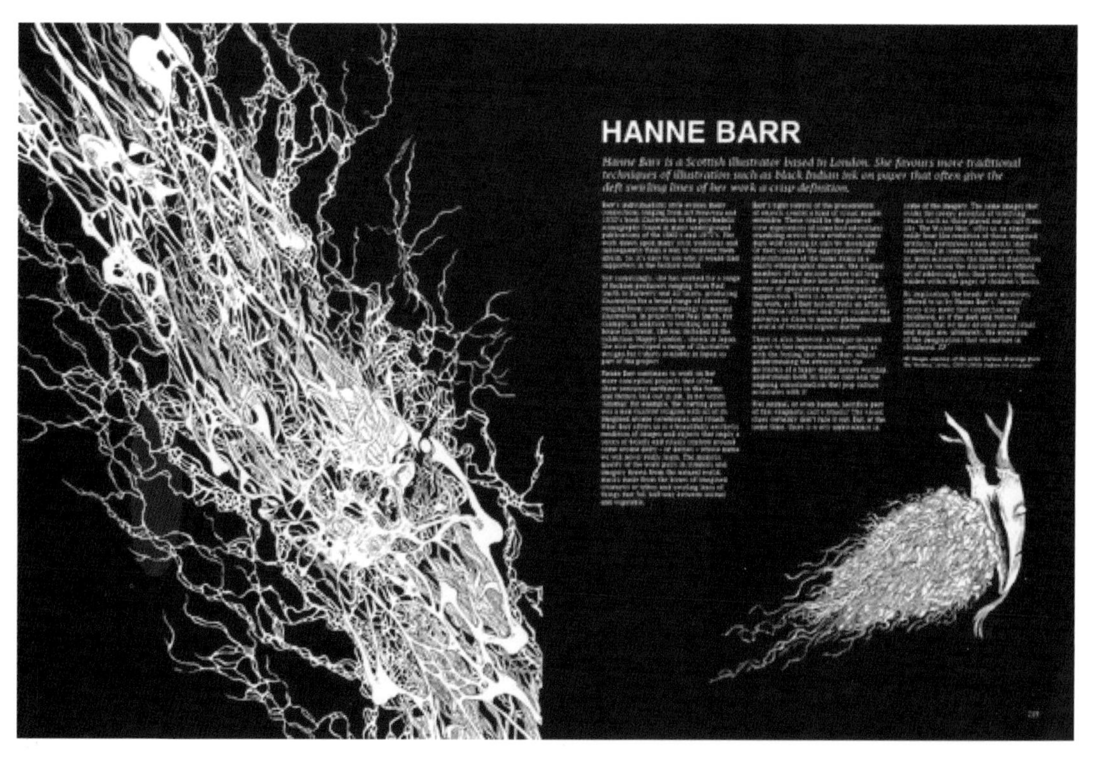

图 3-10

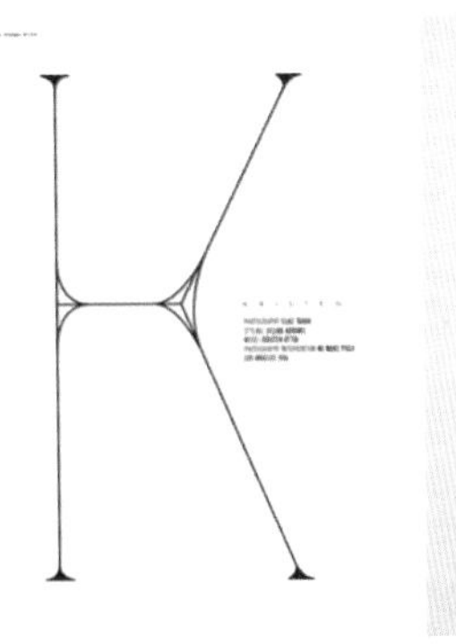

图 3-11

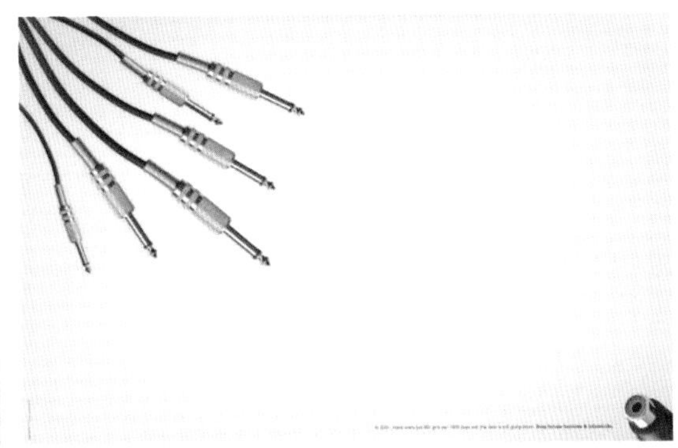

图 3-12

图3-14使用柔和的曲线，使之从画面下方柔和地向上运动，形成了柔韧而温和的印象。

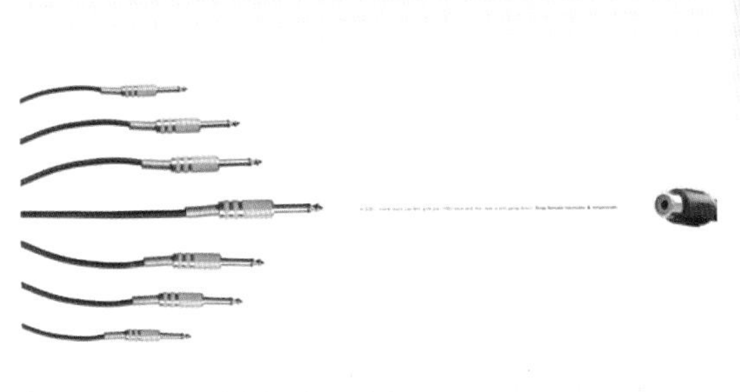

图 3-13

图 3-14

图 3-15

图 3-16

图3-15利用文字密集排列构成图形的形状，从点的线化到线的面化使这个图形有了空间感，这是点的线化与线的面化的充分体现。

图3-16利用线对面的分割，使版面形成层次感和空间感。

三、面的构成

面是无数点和线的组合，在版面中占据的空间较多。相比点和线来说，面所形成的视觉冲击力更加强烈。面是各种基本形态中最富于变化的视觉要素，具有平衡画面、丰富空间层次的作用。

在版式设计中，面总是以一定的形出现的。由于面具有不同的形，给读者的心理感受也是不同的。几何形的面给人以明确、简洁之感，自由形的面容易让人形成随意、流动的印象。面无论以何种形态出现，都具有较强的视觉影响力(图3-17～图3-25)。

图 3-17

图 3-18

面的表现包括大小、色彩、肌理等变化，这些也是不能忽视的重要部分，它们对于增加视觉强度起到决定性的作用，并会影响整体版面的最终视觉效果。

图3-17通过面的分割，产生不同表现形式的变化，整体版面和谐、统一。

图3-18通过规则的几何形展现面在版面空间中的存在形态，让读者对阅读的内容清楚明确。

图 3-19　　图 3-20

图3-19和图3-20利用规律的几何面进行构成，具有简洁、明快、理性的特点。

图3-21～图3-24运用人们熟悉的“翅膀”形状进行面的构成，从而诱发读者的情感，并产生联想，此设计具有生机、膨胀和优美的特性。

图 3-21

图 3-22

图 3-23

图 3-24

图3-25的线形成偶然形状的点、面，具有不可复制的意外性和生动性，传达出自然的美感。

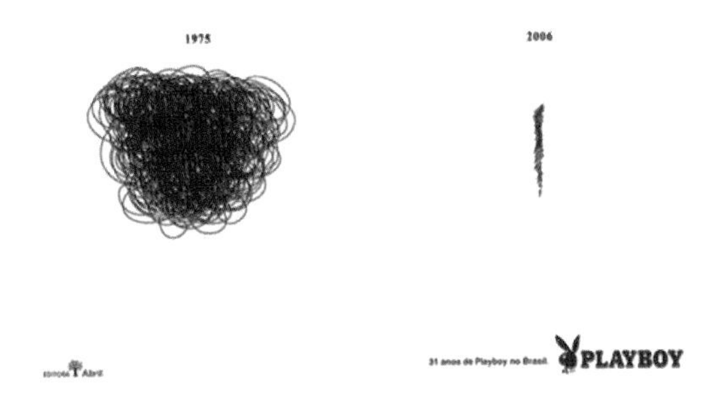

图 3-25

四、色彩的构成

不同的色彩给人留下的印象是不一样的，也传达着不同的情感。在版式设计中色彩被广泛地运用，既可以传递特殊的情感，也可以制造不一样的视觉效果；既可以用于文字，加强区分度，也可以用于图形，增加表现力。

不同的色彩或同一种色彩处于不同的环境，会带给人不一样的心理感受。它们存在着冷暖、轻重的关系，能带给人华丽或质朴、明朗或深邃等不同的感受。设计师利用色彩

的这些不同情感，能更好地表达设计意图，引起读者的情感体验和共鸣，实现设计目的(图3-26和图3-27)。

图　3-26

图　3-27

图3-26和图3-27中版面的整体色调是鲜嫩清脆的，用灰色做背景衬托绿色的新鲜。

通过选用不同的色彩，利用色彩在色相、明度、纯度上的差异，对版面内容进行有效的区分，使重点的信息能够从众多元素中脱颖而出，从而达到引人注意的目的(图3-28～图3-31)。

图　3-28

图3-28使用明度较高的黄色色块衬托标题文字信息，既可以起到装饰版面的作用，又能很好地利用色彩吸引读者的视线。

色彩的搭配是多种多样的，在色彩的色相、明度和纯度3个属性的基础上进行多种多样的配色，在版式设计中灵活地使用配色方法，可以让版面色彩更加协调，效果更加生动。

图3-29和图3-31通过色相、明度、纯度的对比产生色彩的对比与调和。

图　3-29

图　3-30

图　3-31

一个色彩构成总的色彩倾向被称为色调，不仅指单一色的效果，还指色与色之间相互影响而体现出的总体特征，色调是一个色彩组合与其他色彩组合相区别的体现。色调受多种因素影响，如色相、明度、纯度、面积等，其中哪种因素占主导就称其为某种色调(图3-32和图3-33)。

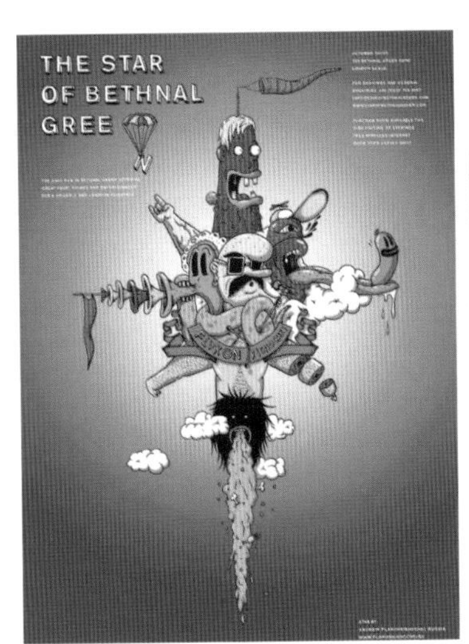

图　3-32

图　3-33

色调的构成是从色彩组合的整体构成关系入手的，掌握色彩的节奏和韵律，使色彩之间有秩序、有节奏地彼此依存，进而得到一个和谐的色彩整体。具体可以从色彩的面积、色彩整体呼应与均衡、色彩的主次等方面把握色彩的色调构成(图3-34和图3-35)。

图　3-34

图　3-35

色彩的面积对整体的色调倾向具有非常显著的影响。图3-34和图3-35中设计师在设计色彩构成时有意识地使一种色彩占支配地位，以表达设计意图。

第二节　版式设计的视觉流程

视觉流程是人们在接受外界信息时视线的流动过程。版式设计中的视觉流程是视线在页面上的空间运动，如何使读者的视线随着设计中的视觉元素的安排迅速、流畅地运动，并且从中领悟信息的内涵是版式设计的重要工作。在版式设计中，对视线流程的把握是十分重要的。

人们阅读页面的时候，通常会按照这样的顺序阅读：先扫视整个页面，找到一个最容易看懂的地方，然后以此为切入点，再逐渐解读页面上的文字、图片，以及其他的元素所传达的信息，设计师需要利用这种“本能的过程”来指导设计，即使页面上有各种不同的复杂元素，设计师也需理出头绪，设计出有条理的页面(图3-36和图3-37)。

图3-36中页面的切入点可以让读者找到一个开始理解设计的起点，通常位于页面的左上方(A)，因为那是人们首先阅读的地方，然后目光会扫视到中间部分(B)，最后才会阅读页面的其他部分提供的信息(C)。

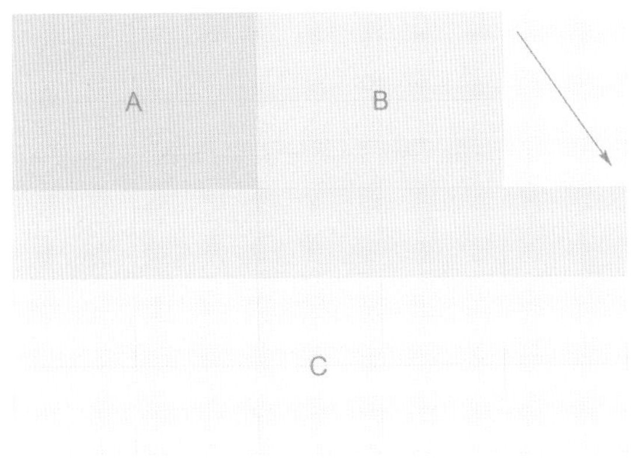

图 3-36

图 3-37

图3-37为依据人们的视觉习惯而设计的版面。

一、单向视觉流程

单向视觉流程就是视线随着版式设计中各视觉元素的布局而形成的一条单向的线，引导受众由主到次富有逻辑地接受信息，其特点是直接诉求主题内容，传递速度快，给人单纯、简明的视觉感受。根据视觉观察方法，单向视觉流程还可分为横向视觉流程、竖向视觉流程和斜线视觉流程。

1. 横向视觉流程

横向视觉流程又叫水平视觉流程，是通过页面元素的有序安排，引导视线在水平线上左右地来回移动，它最符合人们的阅读习惯。

横向视觉流程的安排让页面构图趋于平稳，能给读者带来安宁和平和的感受，给版面定下温和的感情基调，常用于比较正式的版式设计中(图3-38～图3-40)。

图 3-38

图3-39以简洁的版面带来洁净的感觉，页面元素沿着水平方向编排，引导人们的视线做水平运动，给人以平静的感觉。

图3-40中放大的文字标题和人物的横向排列，为版面的视觉流程定下了基调，引导人们的视线实现在水平方向的移动，设计师对人物和标题进行了独具匠心的设计。

图　3-39

图　3-40

2．竖向视觉流程

竖向视觉流程又叫垂直视觉流程，指版面元素依据直式中轴线为基线进行编排，引导视线在轴线上做上下的来回移动，常用于简洁的画面构成之中，这种视线的上下移动要把握好上下之间的关系，避免视觉疲劳的出现。

图　3-41

图　3-42

竖向视觉流程设计使版面具有很强的稳定性，有稳固画面的作用，给人以直观坚定的感觉(图3-41～图3-43)。

图3-41和图3-42中的版面采用居中对齐的编排方式，这种在整体流程上做竖向引导的方式使版面在有限的元素构成中达到稳定与平衡的作用。

图　3-43

简洁是图3-43这个页面带给人最直接的印象，图片和文字都不多，为了让版面丰富起来，设计师采用了竖向视觉流程来组织版面，给人营造一个稳固、简洁的画面。

3．斜线视觉流程

斜线视觉流程是具有强烈动态感觉的构图形式，图片或文字的排列能引导观众的视线沿斜向移动，这种倾斜的视觉效果带来不稳定的心理感受，具有强烈的运动感，能有效地吸引读者的注意力(图3-44～图3-48)。

图 3-44

图 3-45

图3-44和图3-45中标题文字设置成斜线的安排，制造一种动态效果，右侧设置灰色与彩色的文字段落，使版面达到平衡。

图3-46～图3-48版面上的图形使用对角线的形式进行组织排列，使版面既整齐又具有动感。

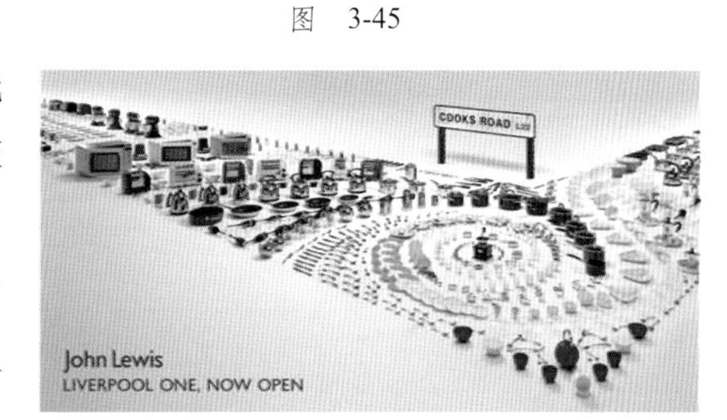

图 3-46

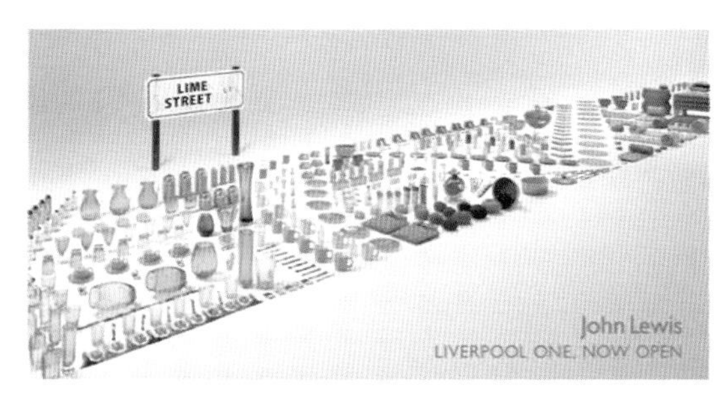

图 3-47

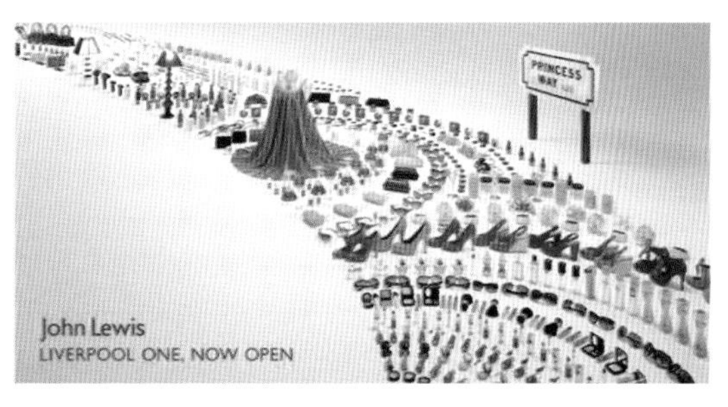

图 3-48

二、重心的视觉流程

重心是视觉心理的重心，是版面最具吸引力的部分。根据版面的差异，视觉重心的位置也有所不同。版面的视觉重心因具体画面而定，重心的位置变化也会引起人们心里感觉的变化。

重心的视觉流程的主要特点是以一个主要视觉元素占据版面的某个部位，阅读时视线会直接落到该视觉元素上，然后沿着形象的方向和力度的指引来移动视线，由主及次地结束视觉流程。向心型和离心型都属于这种视觉流程的表现。重心的视觉流程不仅能有效传递信息，而且会使主题更加突出、醒目(图3-49和图3-50)。

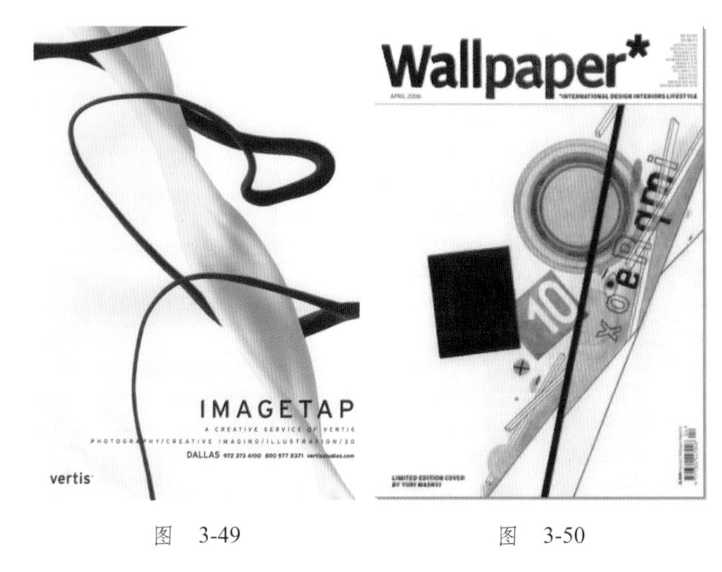

图 3-49　　　　图 3-50

在图3-49和图3-50两幅图片的版式设计中，图形的动态使版面的重心位于版面的右边，为画面增添了动感，右下角的条形码使版面呈现了稳定的重心。

1．**向心型**

向心型视觉重心流程是页面元素的编排向版面的视觉中心聚拢的设计，这种编排方式带来柔和的视觉感受，将读者的视线吸引到视觉中心位置(图3-51和图3-52)。

图 3-51

图 3-52

图3-51中图形围绕封面标题所形成的环状将人们的视线引向上部标题位置，图形弧形的排列使这种运动感觉更加充分，使版面的视觉冲击力变强。

2. **离心型**

离心型的视觉流程设计与向心型视觉流程相反，是页面元素由视觉中心向外扩张，使版面充满张力，富有现代气息(图3-53～图3-55)。

图3-53～图3-55通过模拟喷雾剂向外喷射，将物体向外进行排列，这种离心的编排方式让整个版面有一种向外的张力，同时带来视觉上的新奇感觉。

图 3-53

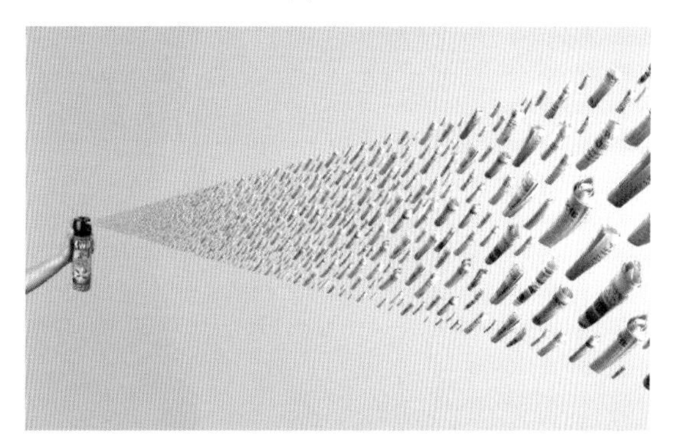

图 3-54

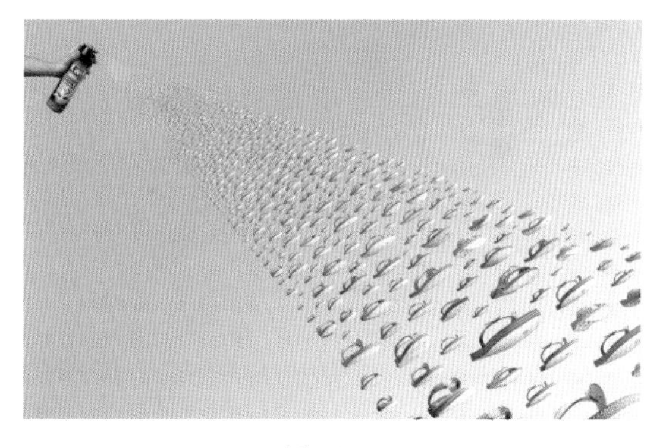

图 3-55

三、导向的视觉流程

导向视觉流程是通过具有指示性的视觉符号或具体的形象等视觉元素诱导读者进行观察，使读者视线在视觉元素的指引下流动，把画面的各个要素由主到次依序连接起来形成统一的版面。导向视觉流程使版面重点突出、条理清晰，主要包括目光视线引导、指示性图形引导、色彩的引导、面积大小的引导等。在这些诱导性的导向因素中，诱导性的文字和方向性的线条导向功能最直观、最明确地引导读者对某特定内容进行阅读，而人物的视线、手势及色彩的导向性就比较含蓄，使版面的导向效果内敛而不张扬。

1. **目光视线引导**

目光视线引导是指通过视线的引导，吸引读者的视线向主题方向流动(图3-56～图3-59)。

图3-59中整个版面以单一的人物像和文字做设计，版面人物视线向上，让读者沿其视线的方向很自然地将目光放在上方的文字标题上或下方的内容文字上，表意明确。

图 3-56

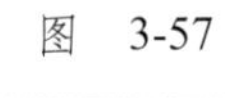
图 3-57

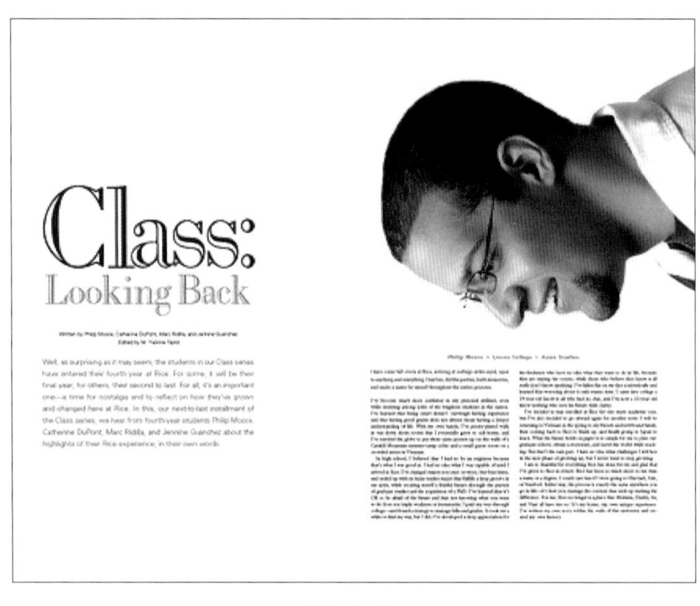

图 3-58

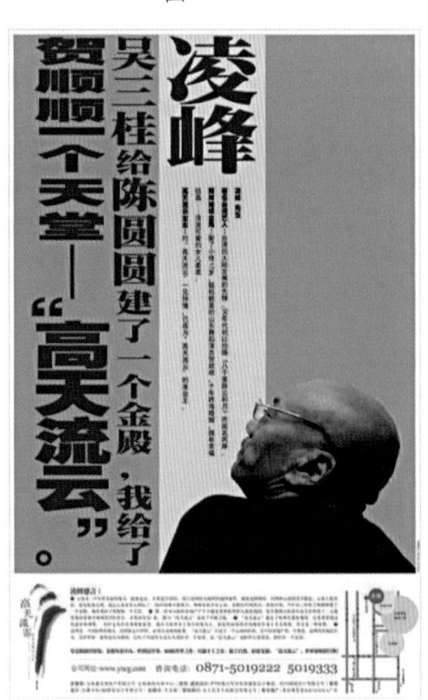

图 3-59

2．指示性图形引导

通过为版面添加某一类具有指示性导向作用的元素，主动吸引视线沿一定方向移动，使版面具有条理性和逻辑性(图3-60和图3-61)。

图3-60通过指向性文字的引导，主动引导视线向右侧版面的文字部分移动，使整个版面具有强烈的动感。

图 3-60

图3-61通过指向性图形的引导，引导视线沿着设计师的编排方向进行浏览，直接传达设计意图。

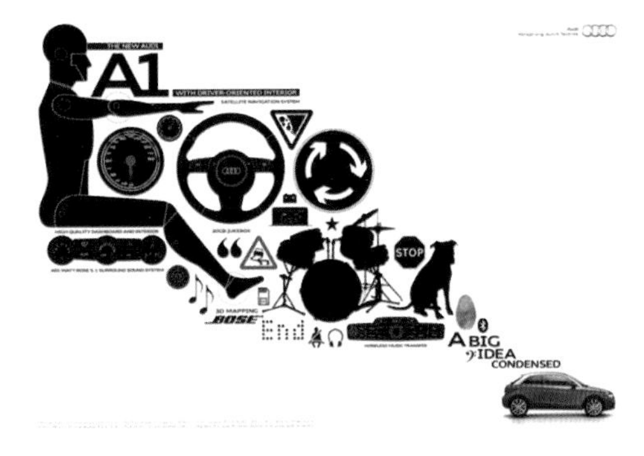

图 3-61

3．色彩的引导

色彩的引导指通过色彩的关系，将版面中各个要素联系起来(图3-62～图3-64)。

图 3-62

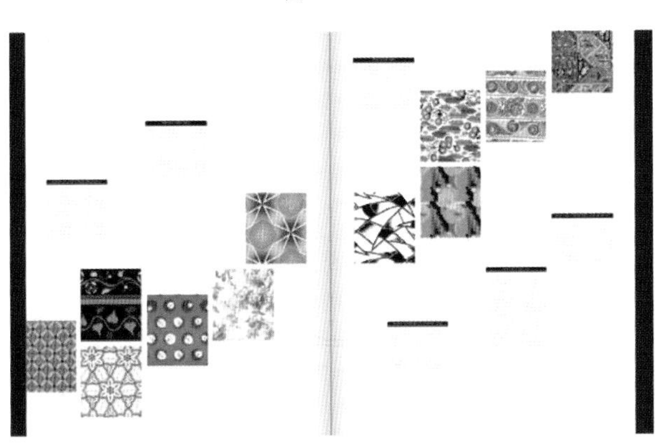

图 3-63

图 3-64

图3-62在版面设计上，色彩的运用使版面元素层次结构清晰、具体、明了。

图3-63通过彩色区域和其他区域的区分，引导观众视线由左下至右上移动。

图3-64通过不同颜色的色块区分版面内容，恰当引导浏览视线。

4．面积大小的引导

通过面积大小的区分，引导读者的视线从面积大的主要信息流动到面积小的次要信息(图3-65～图3-67)。

图　3-65

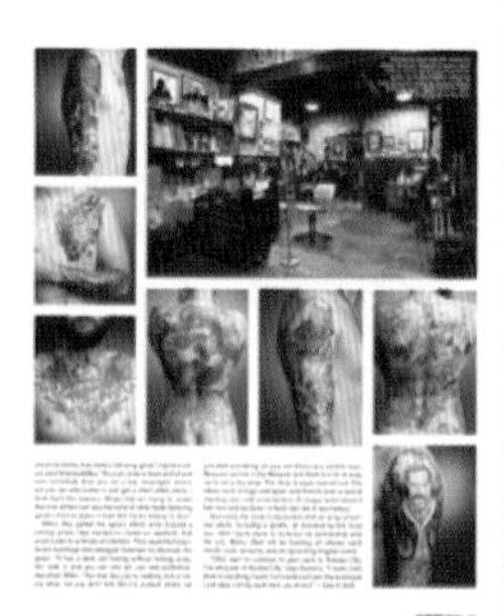

图　3-66

图　3-67

四、曲线的视觉流程

页面中各视觉要素随几何曲线或自由曲线线形进行编排，可以看做是曲线视觉流程，它的特点是形式变化多样，内容丰富，节奏感强，会在版面中形成曲线美，给人的阅读营造轻松愉悦的氛围。

1．几何曲线视觉流程

以几何曲线的线形引导视觉流程，形成规则的曲线美，其中“C”形运用较多，其视觉要素随弧线运动变化，使版面柔美而流畅。当流程线以弧线构成时，可以长久地吸引读者的注意，这种结构饱满而富有张力，同时还有一定的方向感(图3-68和图3-69)。

图3-68和图3-69中重复的弧形运用让版面具有很强的节奏感。

图　3-68　　图　3-69

2. 自由曲线视觉流程

自由曲线引导的视觉流程具有一定的动感，会形成流动的曲线美(图3-70～图3-73)。

曲线的视觉流程使版面具有强烈的节奏感和韵律感，让版面在组织结构上显得饱满而富有变化，形式微妙而复杂。

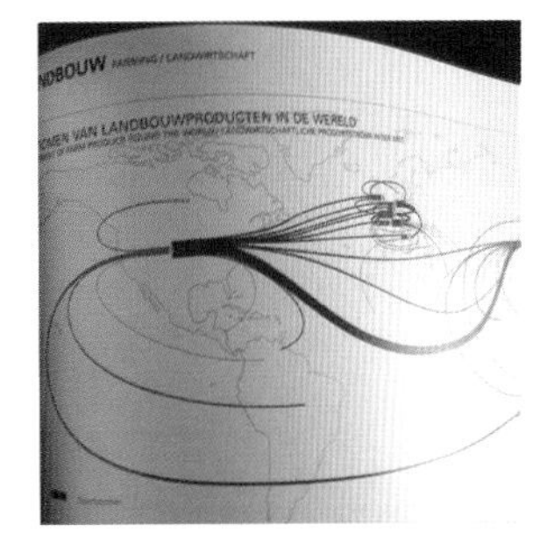

图 3-70

图 3-71

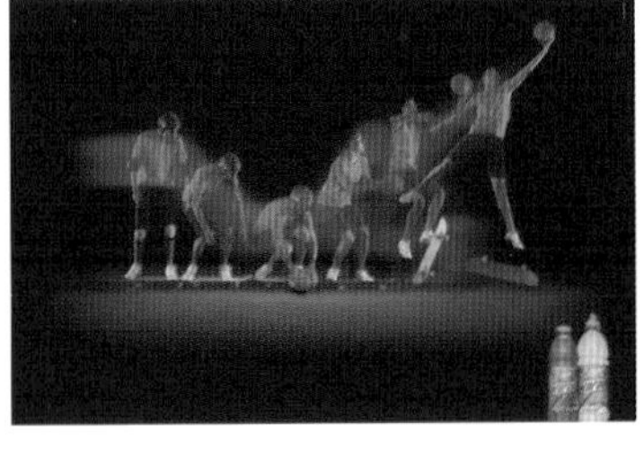

图 3-72

图 3-73

五、散点的视觉流程

版面中各视觉要素的排列呈自由分散状态，常表现为一种随意的、无序的、个性化的编排方式，阅读时视线可以随意在画面中自由移动，散点的视觉流程的特点是可以跳跃性地、有选择地获取信息，版面具有一种轻快的感觉。这种视觉流程强调随机性与偶然性，重视版面的空间与动感。

散点视觉流程的编排要注意版面元素的主次、大小和疏密等关系的对比，以及图片的形式和文字样式的选择，以求得均衡的画面效果(图3-74～图3-77)。

图3-74和图3-75引导版面的主要图形以散点的形式排列，视线随图形做上下左右移动，营造轻松、随意的阅读氛围。

LEISURE CLASS

BRITS HAVE ALWAYS HAD A TASTE FOR THRIFTY INNOVATION AND THIS YEAR'S LONDON DESIGN FESTIVAL WAS FULL OF HOMESPUN CHARM BY CATHERINE OSBORNE

LONDON DESIGN FESTIVAL

图 3-74

图3-76和图3-77中版面的元素组合没有一个明确的方向，是一种散点的结构。为了便于阅读，设计师将说明文字和图片放置在一起，增强两者间的联系。

图　3-75

图　3-76

图　3-77

单元训练与拓展

课题：运用版式设计的视觉流程原理进行招贴设计

■ 要求：

(1) 在设计招贴的过程中注意视觉流程原理的应用。

(2) 尺寸：38cm × 54cm。

(3) 时间：3学时。

■ 目的：通过招贴课题的训练，掌握版式设计的原理。

思考题

(1) 版式设计的原理包含哪些理论？

(2) 运用版式设计原理进行设计对提升版面视觉效果有哪些作用？

第四章　视觉元素的编排

教学要求：能恰当运用版面结构的方法，掌握图形、色彩与文字的编排。

教学目标：正确理解和掌握页面视觉元素的编排。

教学要点：熟悉编排视觉元素过程中对版式设计原理的运用。

教学方法：课堂讲授、练习与点评。

第一节　页面结构

在版式设计过程中，视觉元素各种不同的组合方式，可以产生无数的页面设计效果。版式设计会受到添加多少视觉因素的影响，所以要对页面当中必要添加的或必须添加的视觉元素安排合适的页面结构。要设计众多视觉元素在页面中的排列方式，非常重要的一点就是考虑怎样能使读者更好地理解内容和该版面的意图(图4-1和图4-2)。

图　4-1

图　4-2

在设计页面时，是条理化而清晰地安排页面内容，还是将页面设计得富于变化？版式设计会根据页面内容的特点或者策划者的意图而有所不同。

一、确定页面尺寸

在进行版式设计的时候，首先必须确定的是页面的尺寸。页面尺寸对版式设计有很大的影响，也是与媒体定位密切相关的重要因素。

1．结合媒体考虑页面的尺寸

在决定所采用的页面尺寸时，需要考虑的一个重要因素就是该媒体的特征及定位，媒体类型有印刷品、喷绘、网络、电视、DVD、手机等。

每一种媒体类型下面还有细致分类，也要考虑它的特征及定位。对于像杂志这样既重视视觉形式，又包含了大量信息的印刷品媒体来说，有时需要采用较大的开本。小说这类以文字为主的图书有时需要考虑到便于携带和保存等因素而选用较小的开本。另外，书籍、杂志等特殊的规格会因为与其他书籍不同而引起读者的注意。

2．结合纸张的使用考虑页面的尺寸

在决定印刷品版面尺寸时，与所使用的纸张的原大小有很大关系。如A型、B型等标准规格的开本，在尺寸的设计上已经充分确保了对纸张的高效率使用。在采用特殊规格的时候，如果不认真考虑计算纸张的使用，就会造成纸张的浪费，也会因为这一点造成印刷成本的提高(图4-3)。

图4-3中标准开本的设定，更有效地确保了从全开纸上剪裁出的纸张份数最多，使用最经济。

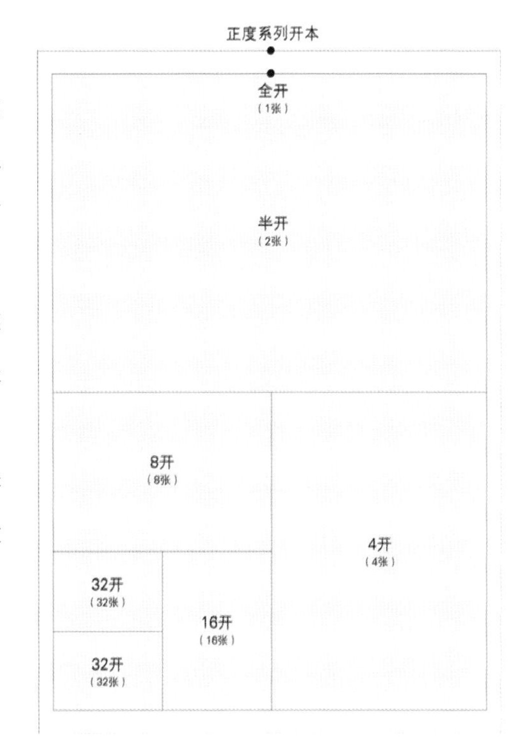

图 4-3

二、根据版面率来调整页面的效果

在版式设计过程中，设定页面四周的余白来安排页面的排版是非常必要的。

在确定了页面尺寸之后，开始进行排版时，首先需要设定页边空白。在页数较多的印刷品中，对页的外侧称为切口，而内侧称为订口。在设定页边空白的同时，页面的正文，以及图片等的安排方式也就确定下来了，这个空间就是版面。在页面的开本尺寸之内，版面所占的面积的比率就是版面率。版面率越大，页面内所包含的信息量就越大；相反版面率越小，页面中所包含的信息量也就越小。由于这种比率的不同，页面带给读者的印象也会发生变化，所以必须根据媒体定位的不同恰当地设定版面率，这在版式设计工作中非常重要。

在设定页边空白的时候，除了需要考虑版面率的设定之外，还需要考虑在页面的什么位置来安排版面。并不是所有的页面排版都必须设定在页面的中央。特别是在页数较多的印刷品的制作过程中，很多时候都需要根据装订时易出现的问题来考虑和调整四周页边空白的宽度，但是应该尽量避免将一个对页左右页面的版面设计成非对称的结构(图4-4)。

图4-4中，灰色部分是版面。在页数较多的情况下(右图)，对页的外侧称为“切口”，内侧称为“订口”，应统筹安排各部分的页边空白，将版面设计成左右对称的结构。

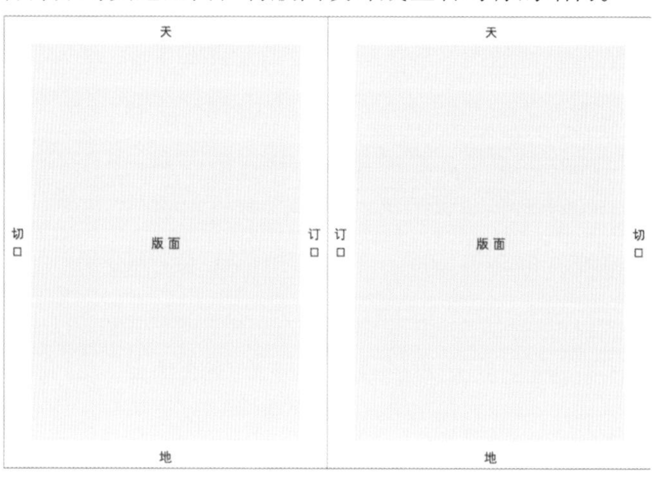

图 4-4

1. 降低版面率

在确定版面大小的同时，也就确定了页边空白(余白)的大小。版面率较低的设计，容易让读者形成典雅或比较高级的印象。对于整体效果比较安静和稳重的设计来说，设定较大的页边空白是比较适合的(图4-5)。

图 4-5

图4-5中当页边空白扩大时，版面率就会下降，而面的利用率就低。

2．提高版面率

缩小页边空白，版面率就会随之提高。与版面率低的页面相比，版面率高的页面会给人以充满活力而又非常热闹的印象。就传单等媒体而言，当信息量很大、需要读者对很多内容都能留下印象的时候，往往会将页边的空白缩小。此外，如果版面率高，每一幅图片所能够占据的空间也会增加，容易形成富于活力的页面结构。因此，根据媒体定位的要求，适当调节版面率的大小是非常重要的(图4-6)。

图4-6中缩小页边的空白，版面率就会提高，每一幅图片所分得的实际空间也会随之增加。

图　4-6

三、根据图版率来调整页面效果

印刷品中图片所占面积的比率在排版中被称为图版率，图版率的构成要素不包括文本文字，是一种有助于控制杂志页面中文字与图的比率关系的数值。

如何计算图版率呢？例如，当页面的整面全部都是图片时，图版率就是100%。如果页面上完全不使用图片或插图，只是用文字来填充页面，图版率就是0%。图版率高的页面给人带来热闹而活跃的印象，图版率低的页面则会产生一种非常沉稳的效果(图4-7)。

图　4-7

除了文本以外，版式设计中通常都会加入图片或插图等视觉直接性的内容，表示这些视觉要素所占面积与页面整体面积之间的比率就是图版率(图4-8)。

图4-8中与左侧的页面相比，右侧页面中的图片较小而文字较多。这里的图版率的构成要素就是下面灰色的部分，左侧页面比右侧页面的图版率高。

图 4-8

1. 通过图片的数量和尺寸来控制图版率

与图版率相关的图片元素是指页面中所分布的图片面积的总和。页面中的图片或插图越多，图版率就越高。因此，在策划的阶段结合希望实现的页面效果来考虑适当数量的图片是必要的。

决定图版率的不仅是图片或插图的数量，即使在只使用一幅图片的情况下，如果将图片扩大，图版率就会提高。相反，即使在使用了很多图片的页面中，如果每一种图片的尺寸都很小，那么图版率就会降低(图4-9)。

图片的数量和尺寸是决定图版率的要素。在图4-9中，虽然左图和右图所使用的图片数量并不相同，但是通过图片尺寸的调整，两者的图版率却是相同的。

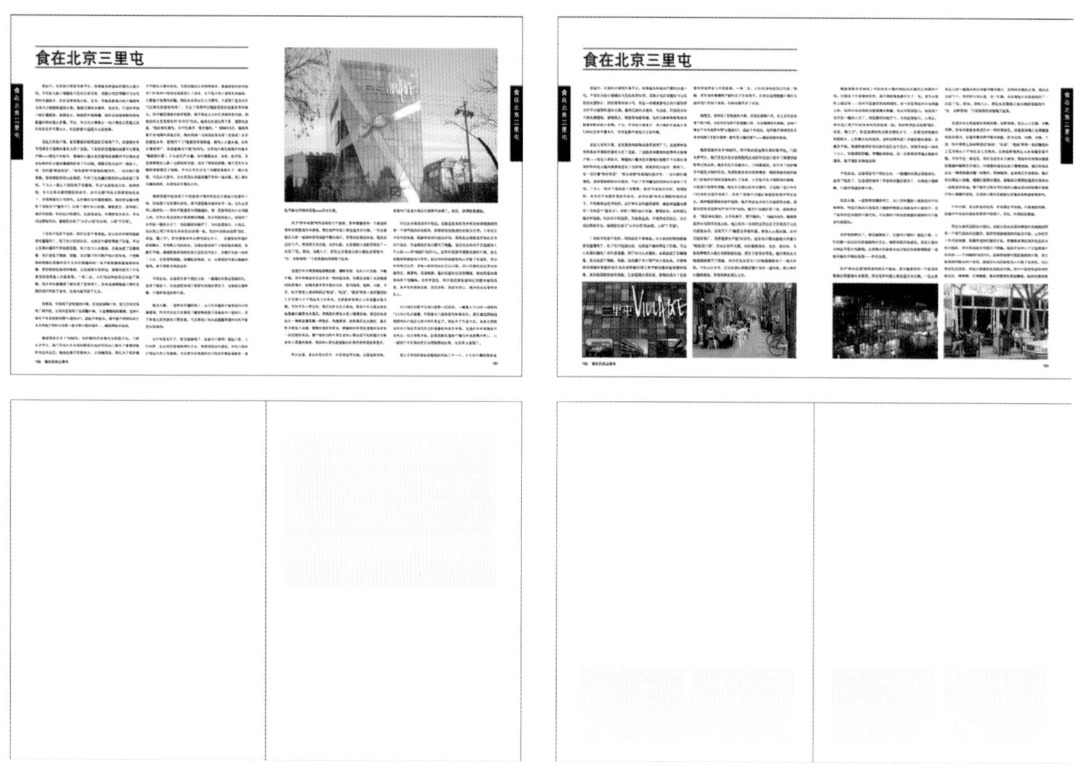

图　4-9

2．用页面的底色来改变图版率

控制图版率，结合媒体自身的特征来给读者造成某种印象是非常重要的。在有些情况下，如果文字的数量过多，那么图片或插图所占据的空间就必然会缩小。因此，在设计前应先进行协商，确定页面所要包括的内容。

当必须要增加图版率时，可以通过对页面底色的调整，取得与提高图版率相似的效果，从而改变页面所呈现出的视觉感受(图4-10)。

图4-10为图片空间较小的页面背景中铺设底色的一个案例。即便保持图版率很低的状态，也可以改变页面给人的印象。

极度放松之旅

EXTREMELY RELAXING TRIP

大溪地 最接近天堂的地方

TAHITI THE CLOSEST TO HEAVEN

海边

水上屋

冲浪

友情提示

180 大溪地 最接近天堂的地方

181

图 4-10

四、运用网格对页面元素进行布局和组合

网格是对页面元素进行布局和组合的一种方式，利用网格进行排版不仅可以把各种元素排列得整齐，也可以使设计过程变得更加方便和简单。

1. 网格

网格是基础的设计工具，可以作为设计中不同元素放置的参照物。在实际应用中，可以经过多种方式转换成各种各样的形式。网格可以使设计更加连贯和完整，但网格并非最终的结果，不应因为网格而限制创意(图4-11和图4-12)。

图　4-11　　　　图　4-12

2．分栏

把页面纵向分成几栏，文字就在每一栏里面整齐排列，这就是“分栏”。不管是宽的、窄的，还是倾斜的，分栏的形式对文字的可读性有非常明显的作用(图4-13和图4-14)。

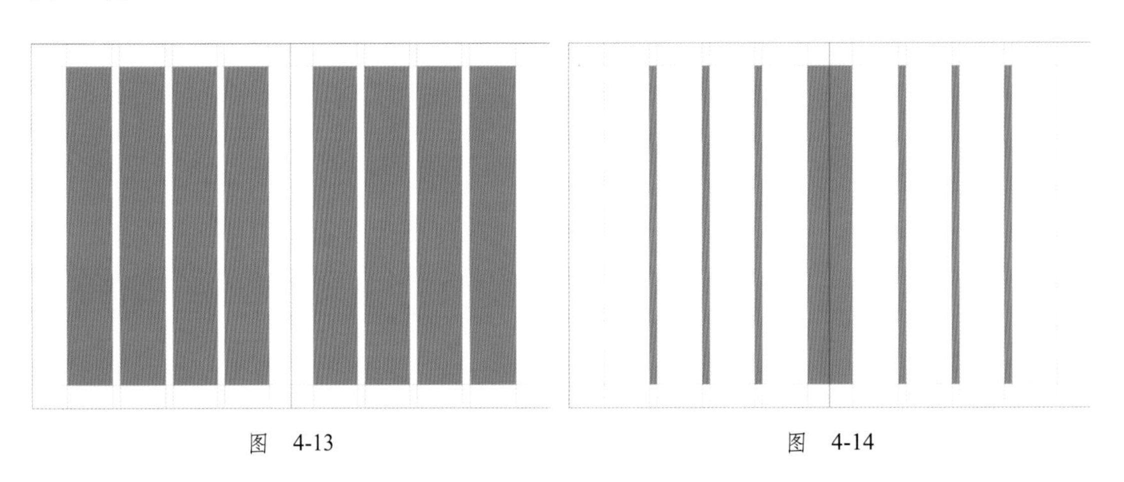

图　4-13　　　　图　4-14

图4-13为对称的四栏分布，蓝色的区域表示文本放置的空间。

图4-14为间隔示意图。每一个文本框是靠间隔分开的，即图示蓝色区域，这可以在文本框之间制造一个视觉上的隔断。间隔的尺寸、形状和风格的不同可以展示不同的文字内容，并使设计产生一种非常戏剧化的感觉。

3．分块

把分栏再次划分为不同区域的好处是为设计师增加可以用于创作的活动空间，同时还能保持基本的分栏结构。这让排版时的文字和图片的处理更加多样化，并且能够很好地吸引读者的注意力。

设计师通常不会在一个作品中使用有限的一种或两种分栏或分块方式。为了获得完美、多样的文字和图片展示方式，设计师会在一个作品中混合使用多种分栏和分块的组合方式。虽然分栏和分块的组合提供了无穷的设计可能，但文字通常还是会摆放在分栏中，而图片则经常占据若干个分块(图4-15和图4-16)。

图4-15为再划分相等的分栏区域。图示非对称网格的再次划分，每一个区别之间的空间是相等的，这是最简单的一种四栏非对称网格划分方式。

图4-16是基于图4-15的非对称四分栏页面而变化得来的布局，页面上有大小不同的区域，可以用来放置更大的图片，让页面看起来更有动感。

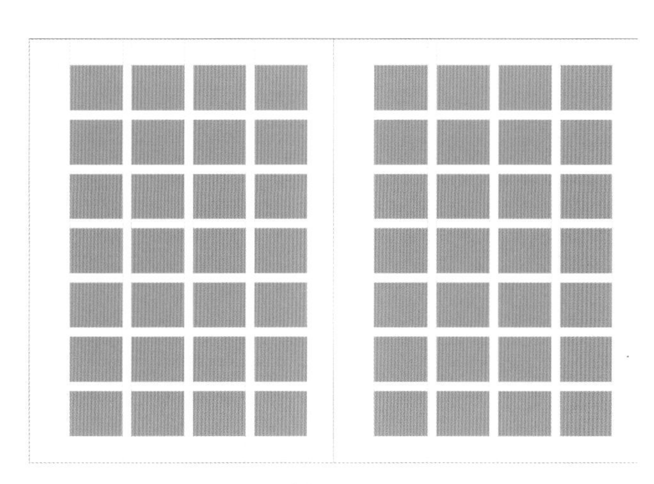

图 4-15

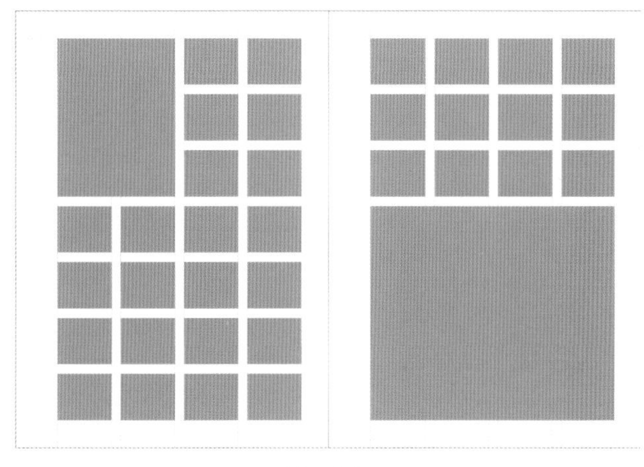

图 4-16

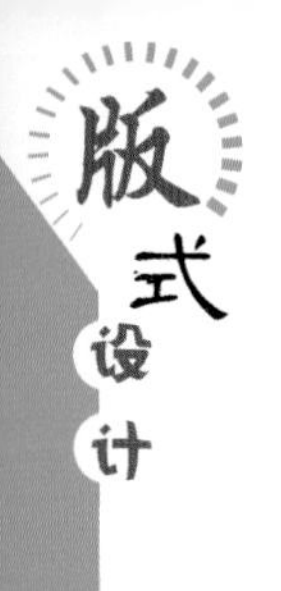

多栏网格或多块网格能使设计更加灵活多变，因为设计师可以非常方便地放置各种设计元素。这些网格在实际的应用中非常实用且普遍，如杂志的版式设计就要求在保持连贯性的同时又有丰富的内容(图4-17和图4-18)。

图4-17和图4-18两幅版式图片是最基本的58单元网格，横向与纵向都被分成了58个单元，每一个网格的间距是10点。

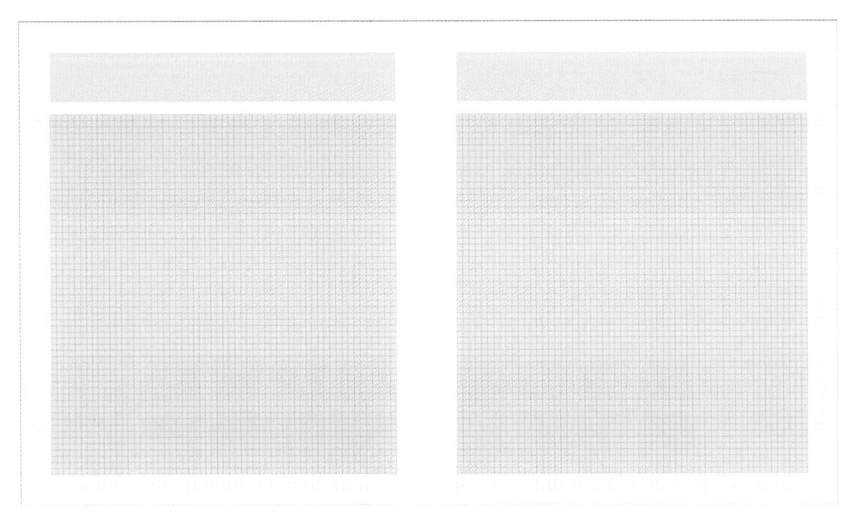

图 4-17

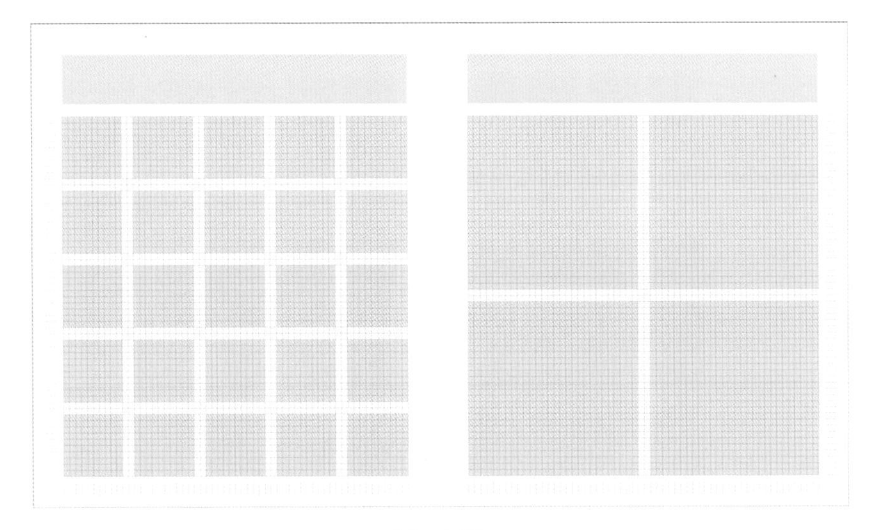

图 4-18

瑞士字体设计师卡尔加里斯纳在20世纪60年代为*Capital*杂志设计了58单元网格。这种网格设计可以混合放置多种不同的素材，如图片、表格和各种长度的文字，最大的优点是可以通过组合得到上百种样式，这个网格是创意自由发挥的典范(图4-19)。

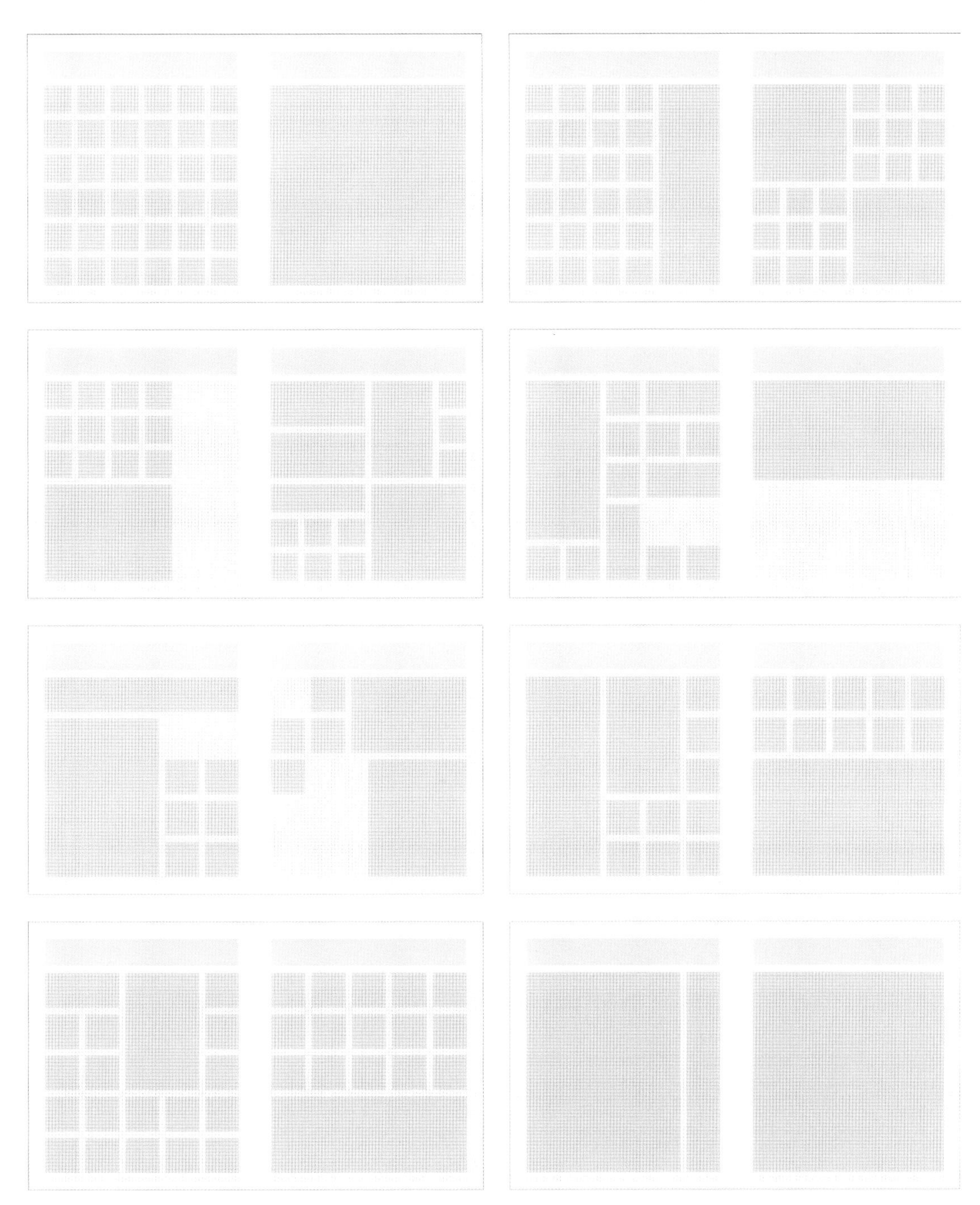

图 4-19

五、根据版面内容确定主次、先后顺序

当存在一些希望读者能够首先注意到的内容并形成先后顺序时，必须通过设计将其明确地提示出来。为了达到这个目的，有多种处理方法，最基本的方法就是将希望引起注意的部分放大，根据尺寸的大小来安排顺序(图4-20)。

图4-20左侧图片中的各部分内容，虽然也有面积上大小的差别，但是并不明显。右侧增大它们之间的差别，使画面更具有节奏感。

图 4-20

1．通过图片的大小来区分内容的先后顺序

为了表现图片的先后顺序，首先能想到的处理方式就是控制图片的尺寸。当页面中有许多图片，并且图片的大小都一样时，就会使人认为这些图片都是并列处理的。如果将其中一幅图片放大，那么它在视觉效果上，就会比其他图片看起来更加突出、明显。

同样，除了希望引起注意的图片以外，也可以通过缩小其他图片尺寸的方式，还可以同时运用这两种处理方式，将希望引起注意的图片放大，将不希望引起注意的图片缩小，这样就达到明确区分内容先后顺序的目的(图4-21)。

图4-21中当尺寸大小相同时，图片会给人没有主次之分的感觉。通过将其中的一幅图片放大，就可以使该图片在视觉上更加显眼。这样视觉效果上就会有主次之分，更加引人关注。

图 4-21

2. 通过文字的大小来区分内容的先后顺序

与图片相同，在区分文字内容的先后顺序时，也可以通过调整文字大小的差别来进行处理。但是如果文字被过度缩小就会造成阅读的不便，这种处理方式的使用是存在一定限度的。当然图片也一样，但对于文字来说，这种问题更加显著。

此外，还可以通过字体的粗细度差别来进行区分。将主要文字加粗，使其比字体纤细的文字更加显眼。同时，需注意字号小的文字过分加粗，会使文字模糊不清而不便于阅读(图4-22～图4-24)。

美食天下

寿司是日本人最喜爱的传统食物之一，主要材料是用醋调味过的冷饭（简称醋饭），再加上鱼肉、海鲜、蔬菜或鸡蛋等作配料，其味道鲜美，很受日本民众的喜爱。

图 4-22

美食天下

寿司是日本人最喜爱的传统食物之一，主要材料是用醋调味过的冷饭（简称醋饭），再加上鱼肉、海鲜、蔬菜或鸡蛋等作配料，其味道鲜美，很受日本民众的喜爱。

图 4-23

美食天下

寿司是日本人最喜爱的传统食物之一，主要材料是用醋调味过的冷饭（简称醋饭），再加上鱼肉、海鲜、蔬菜或鸡蛋等作配料，其味道鲜美，很受日本民众的喜爱。

图 4-24

图4-22中可以看到，字号相同、字体相同，给人视觉上的感觉先后顺序是不明确的。

图4-23中字号大的文字，比字号小的文字更容易引起读者的注意。

图4-24可以通过文字字体的粗细度来区分先后顺序。但是文字字体的粗细度有一定限度，须在适当范围内进行调整。

3．通过颜色和形状来区分先后顺序

通过颜色的调整来使内容的外观有所变化的处理方式，也可以作为区分内容先后顺序的方法。通过色彩来调整的处理方式中，最重要的是“差别化”。在许多不同的内容中只有一个部分内容的颜色与众不同，在这样的情况下，观看者就可以明确认识到这个内容是重要的。

特殊的形状更容易引起读者的注意，在相同的形状中，只混入某一种特殊的形状，这种方式可以对部分内容进行强调(图4-25～图4-29)。

图4-25中纯度高的颜色(左)比纯度低的颜色(右)更加明显。

图4-26颜色的组合有时候会形成强调的内容并不明确的结果。

图 4-25

图 4-26

图 4-27

图 4-28

图 4-29

图4-27版面中存在多种内容时，如果只有一种颜色是不同的，那么这个内容就会引起读者注意。

图4-28中通过形状来区分，如果仅有两个不同形状，很难明确哪一个是需要强调的。

图4-29在几个相同的形状中，混入一个不同的形状，这个形状所含内容就会比较明显。

六、留白区域设计

除了文字和图片，留白也是构成页面排版的要素之一。留白区域是环绕设计元素的、未印刷的、未使用的空白区域。留白区域可以让整个设计变得更加舒缓，消除被填满的紧张感。此外，留白区域还可以为设计制造层次感。设计恰当的页面留白可以呈现非常美观的效果(图4-30)。

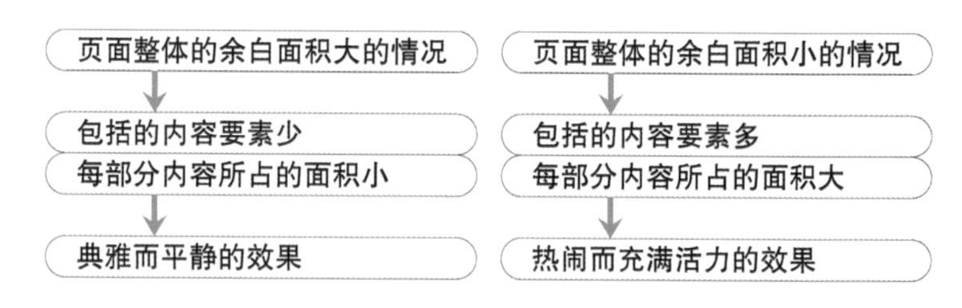

图 4-30

1．通过留白区域来减轻页面的压迫感

当页面中包含的内容比较多时，会给人带来一种页面非常狭窄的感觉，完全没有任何空白的页面会使人看得很疲劳，可以通过留白来让读者感受到一种宽松的氛围(图4-31)。

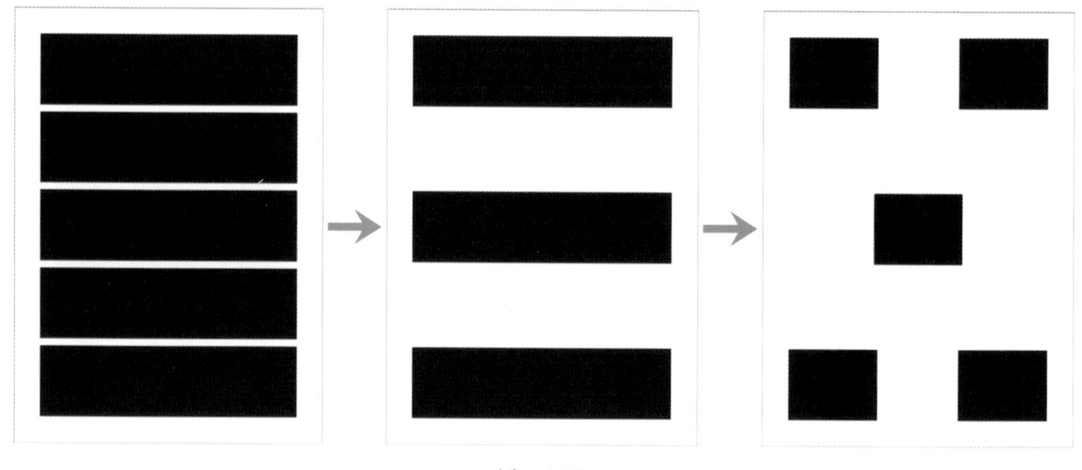

图 4-31

图4-31在白色与黑色的平衡关系中，如果黑色偏多，读者就会感到有压迫感。白色比重的增加，可以缓解压迫感。

2．通过留白区域来使形式发生变化

运用前面讲述的“网格”的方法排版，往往会使页面的内容安排显得过于整齐，可以通过留白的随处添加来使页面的排版形式发生变化，切忌胡乱添加留白，为了使页面形式发生变化，应从开始就设计留白(图4-32)。

图4-32可以通过留白区域的设计，使页面整体形式发生变化。

图 4-32

七、调整内容的区域

集中同一组的内容，明确表示出不同组别是表述不同内容的，可以调整不同内容之间的距离来对它们进行分区。

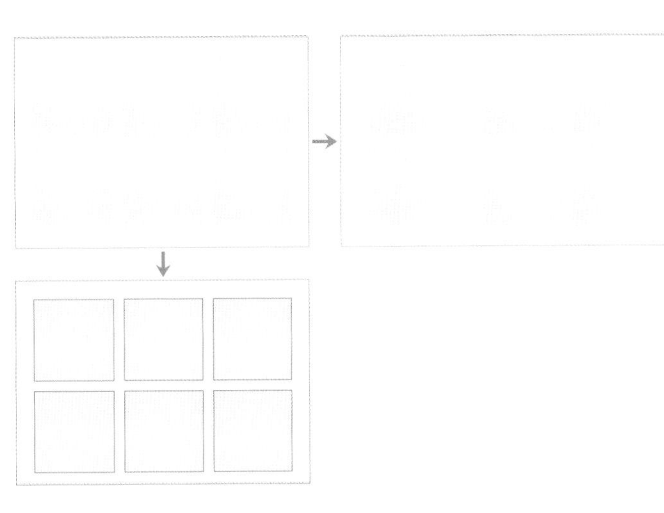

图 4-33

页面所包含的内容，各自具有不同的意思和作用，需利用版式设计将这些内容表现出来。在众多的内容之中，有很多内容都具有共通的意思或者作用，既可以将这些内容分别予以表现，也可以将这些内容划分为一组加以表现(图4-33)。

图4-33中左图各个部分之间间隔相等，没有任何变化地排列在一起，这样是无法表现出组别区别的。右图两组之间的间隔要宽一些，这样读者很容易区分这是内容不同的两组。

1．整合同类内容，就近安排

对于读者来说，相对于距离较远的内容，临近的内容更能让人产生相互关联的印象。因此，需将希望读者认为是相同内容的部分安排在较近的位置。以图片和对应的文字及标题为例，如果存在多张图片、文字和标题的情况下，可以将这3项合为一组，将这3项看作同一内容后，再与别的内容划分为一个组，先划分小组再划分大组(图4-34)。

图4-34中上图散乱排列的内容，不能让人感受到文字与图片之间的关联。下图将属于同一范畴的内容，通过就近安排来进行组别划分。

图　4-34

2．通过边框或者底色来划分页面

为了表示页面内属于不同范畴的内容，需将它们明确区分开，可以灵活运用边框线或底色对页面进行区分。即使是间隔相同的内容之间，也可以通过加上边线，或者填涂底色的方法进行区分，以此来提示它们是互不相同的内容。

在这种情况下，也可以根据边线中不同的内容来区分。一般来说，虚线和实线相比，前者可以让人感觉区分得更彻底。使用虚线区分的时候，根据构成虚线的点与点之间间隔的不同，区分度的强弱也会发生变化。另外，颜色和粗细的不同也会给人留下不同的印象。

在运用底色填涂的方式中，空间不同以及颜色不同的程度越大，区分的程度也就越高。

上面所说的区分方式中，最重要的是在区分的同时保证内容的可辨识性(图4-35～图4-38)。

图4-35中只加入分界线，也可以进行组别划分。

图4-36中在用边线进行处理时，可以将一个组包围起来进行区分。

图4-37中可以通过填涂底色来区分不同的内容。

图　4-35

图　4-36

图　4-37

图4-38中左侧的图用虚线包围起来划分页面，右侧的图通过填涂底色来进行划分页面，这是将正文与专栏进行区域划分的一个例子。当然，也可以通过对内容位置的调整来进行区别划分。

慢生活莱蒙湖畔采撷明珠

欧洲大陆最大的湖泊日内瓦湖，一直在吸引着我。其实我更加喜欢它的另一个俗名：莱蒙湖，读上去很具有优雅的法语式的书卷气。湖畔的北岸，坐落着一连串美丽的湖畔城市，以洛桑为轴心的几个周边优美小镇，距离相隔不过火车十几分钟的路程，慢慢走来，我以为是集中体现了瑞士美丽风光的所在，经常来欧洲旅行的朋友，见到这般景色也许会觉得平常稀松，但是，如果多住几天，你会发现异常魅力都在此地。

洛桑原意为"石头"，大概来源于整个城市遍布大街小巷的崎岖不平的石板路。位于山丘上的老城区（Old Town）是我的最爱……走在充满着人情味的街道上，你可以轻松漫步于历史中，缓缓走过时，遍布着许多特色商店。我最喜欢的是一些二手摄影店和老古董商店。走进一家有80年历史的小商店时，老先生很开心地用法语打招呼，当我们用英语回答时，他很敏锐地眨眨眼睛，转用英文问我们来自哪里？当听说是来自中国的时候，他无比的兴奋起来，拿出咖啡和小点心招待我们。交谈中得知，他曾经在几年前来过亚洲旅行，并在中国逗留过许多天。老人非常喜欢东方文化和艺术品，只是当时还没有接手这个古董店，所以许多好的艺术品没带回来。我问他喜欢什么典型的中国艺术品时，他想了想回答，最喜欢瓷器。原来，"CHINA"在法语里也是瓷器国的呀……。

告别了老先生后，缓步走向高耸入云的洛桑圣母大教堂，仔细观看这个宏伟的罗马式建筑时，我竟然发现在许多细微的建筑风格上和法国的巴黎圣母院颇有相似之处，看来在教堂建筑中，许多风格大同小异，即使是远隔万里，文化也是相通的。洛桑古老辉煌的历史中，至今还保存着许多罗马时代的遗址及中古时期的建筑，它们默默地守护着这座老城的宁静与安详，庄严肃穆的钟塔还坚守着世界上唯一一个"守夜报时"的千年习俗，在深夜聆听钟塔上传来的钟声时，你更加体会到这里的人们对传统文化的那份坚持和执着。

在洛桑，我下榻在该城市最具传奇色彩的LAUSANNE PALACE酒店，这个具有百年历史的建筑中，于细微之处，无时无刻不在展示出瑞士酒店服务业的发达。已经过世的奥委会主席萨马兰奇先生，一直把此酒店作为自己的办公地点，并不经常在奥委会办公区内上班。古老而现代的酒店其实更加能够反映出萨翁对于生活的喜好：宽敞的大厅，舒适的房间，精美的甜点……这些不仅吸引着世界各地的名人，尤其是体育明星，也更加吸引着像我们这样的普通游客，获得众多酒店奖励美誉的LAUSANNE PALACE，时刻显示出它的与众不同，这一点从其门口处镶嵌的各种获奖名誉的奖牌中即可证实，此地果然名不虚传。

位于老城区中心位置的圣佛朗索瓦广场(Pl. St. Francois)是洛桑的标志景观之一，也是当地居民生活、购物、休闲的中心。广场附近有圣佛朗索瓦教堂、圣母大教堂、洛桑历史博物馆等，而供应美味甜点的小商店，供应海鲜的露天咖啡厅、小餐馆等更是体验当地人生活习惯的真实所在。这里的许多路面仍以石块所砌成，加上洛桑山丘城市的特性，所以附近许多街道都有着长长的斜坡，逛街时的感觉就如爬上爬下在一个个小小的山坡，但是，由于两侧的商店和古老建筑的吸引，我并不觉得很累。晚餐选在一家极具当地风格的餐厅吃饭，席间，主人介绍说有一个特色火锅让我们品尝，开始以为是瑞士有名的芝士火锅。其实我曾经尝试过，它并不太适合国人的口味。而此时，当火锅端上来后我才发现，这个精致的铜质火锅里面装的完全不是熬煮的芝士，而是热腾腾的橄榄油，经询问，原来芝士火锅的吃法是集中在德语区。洛桑属于法语区，饮食习惯是法式的，主人示范我们，用一个铜插把新鲜的生牛肉插住放进热锅内，根据个人的喜好程度，把牛肉用油涮熟，几分钟后慢慢地拿上来蘸一些酱汁入口，其味香鲜甘美，唔香异常，类似咱们的涮羊肉吧，推荐朋友们下次去的时候一定要试试。

吃饭的帕吕广场（Placede laPalud）附近也是著名的购物区，每周三与周六上午有半日的市集，常常人声鼎沸。广场自14世纪即已存在，1673-1675年所建的市政厅也位于广场之上，矗立正义女神的喷泉后方有一音乐报时钟，每整点会发出音乐，并且有小人偶出来绕行，同时播出洛桑历史的解说，相当有意思。放眼望去，19世纪的建筑比比皆是。我仔细观看了一些建筑门口的铜牌，发现有的甚至已有400年以上的历史。这些依然在使用的保存完好的建筑，的确为古城增色不少，反观我们的一些城市建设，这里有大量的经验值得借鉴学习。漫步其中，时尚的品牌店和古老的建筑交相辉映，你可以悠然感受到那一份生活的惬意与美好。

在午后柔和的阳光下与漫步的年轻人结伴而行。随着人流，我信步走出LAUSANNE PALACE酒店时，立刻被一个极具现代感的玻璃钢制拱桥吸引。并不长的钢制拱桥在一片古老的建筑包围下，丝毫不显得突兀，反而非常具有后现代的味道，矗立在中间的电梯，其装饰性和实用性融为一体，把地铁、购物中心、音乐步行街、咖啡馆等串联在一起，十分方便。桥下是洛桑市新建的步行街区(rue de Bourg)，有许多很著名的酒厅以及新潮商店。我去的时候，正赶上洛桑艺术节前夕，广场上正在搭建演出舞台，三三两两的年轻人聚集在此，似乎在等待着狂欢的时刻早些到来。

洛桑音乐嘉年华又称"洛桑老城艺术节"、"洛桑之夏音乐会"，每年的7月5日－13日举办，是当地最盛大、最著名的节日庆典，主会场在洛桑老城区（Old Town.），相对于近邻蒙特勒在同一时间举办的国际爵士乐节（Montreux Jazz Festival），洛桑的音乐节更加随意开放，形式自由，整个城市的大街小巷都聚满了欢庆的人们，唱歌、跳舞、街头表演、露天舞台剧、花车巡游不一而足，精彩纷呈，你完全想象不到，印象中比较保守的瑞士人会在仲夏时分，蜕变得如此多姿多彩。只是可惜，我的旅程即将结束。

告别了老先生后，缓步走向高耸入云的洛桑圣母大教堂，仔细观看这个宏伟的罗马式建筑时，我竟然发现在许多细微的建筑风格上和法国的巴黎圣母院颇有相似之处，看来在教堂建筑中，许多风格大同小异，即使是远隔万里，文化也是相通的。洛桑古老辉煌的历史中，至今还保存着许多罗马时代的遗址及中古时期的建筑，它们默默地守护着这座老城的宁静与安详，庄严肃穆的钟塔还坚守着世界上唯一一个"守夜报时"的千年习俗，在深夜聆听钟塔上传来的钟声时，你更加体会到这里的人们对传统文化的那份坚持和执着。

在洛桑，我下榻在该城市最具传奇色彩的LAUSANNE PALACE酒店，这个具有百年历史的建筑中，于细微之处，无时无刻不在展示出瑞士酒店服务业的发达。已经过世的奥委会主席萨马兰奇先生，一直把此酒店作为自己的办公地点，并不经常在奥委会办公区内上班。古老而现代的酒店其实更加能够反映出萨翁对于生活的喜好：宽敞的大厅，舒适的房间，精美的甜点……这些不仅吸引着世界各地的名人，尤其是体育明星，也更加吸引着像我们这样的普通游客，获得众多酒店奖励美誉的LAUSANNE PALACE，时刻显示出它的与众不同，这一点从其门口处镶嵌的各种获奖名誉的奖牌中即可证实，此地果然名不虚传。

位于老城区中心位置的圣佛朗索瓦广场(Pl. St. Francois)是洛桑的标志景观之一，也是当地居民生活、购物、休闲的中心。广场附近有圣佛朗索瓦教堂、圣母大教堂、洛桑历史博物馆等，而供应美味甜点的小商店，供应海鲜的露天咖啡厅、小餐馆等更是体验当地人生活习惯的真实所在。这里的许多路面仍以石块所砌成，加上洛桑山丘城市的特性，所以附近许多街道都有着长长的斜坡，逛街时的感觉就如爬上爬下在一个个小小的山坡，但是，由于两侧的商店和古老建筑的吸引，我并不觉得很累。晚餐选在一家极具当地风格的餐厅吃饭，席间，主人介绍说有一个特色火锅让我们品尝，开始以为是瑞士有名的芝士火锅。其实我曾经尝试过，它并不太适合国人的口味。而此时，当火锅端上来后我才发现，这个精致的铜质火锅里面装的完全不是熬煮的芝士，而是热腾腾的橄榄油，经询问，原来芝士火锅的吃法是集中在德语区。洛桑属于法语区，饮食习惯是法式的，主人示范我们，用一个铜插把新鲜的生牛肉插住放进热锅内，根据个人的喜好程度，把牛肉用油涮熟，几分钟后慢慢地拿上来蘸一些酱汁入口，其味香鲜

甘美，唔香异常，类似咱们的涮羊肉吧，推荐朋友们下次去的时候一定要试试。

吃饭的帕吕广场（Placede laPalud）附近也是著名的购物区，每周三与周六上午有半日的市集，常常人声鼎沸。广场自14世纪即已存在，1673-1675年所建的市政厅也位于广场之上，矗立正义女神的喷泉后方有一音乐报时钟，每整点会发出音乐，并且有小人偶出来绕行，同时播出洛桑历史的解说，相当有意思。放眼望去，19世纪的建筑比比皆是。我仔细观看了一些建筑门口的铜牌，发现有的甚至已有400年以上的历史。这些依然在使用的保存完好的建筑，的确为古城增色不少，反观我们的一些城市建设，这里有大量的经验值得借鉴学习。漫步其中，时尚的品牌店和古老的建筑交相辉映，你可以悠然感受到那一份生活的惬意与美好。

举头望去，我的下了夕阳辉映下的瑞士国旗，那面著名的红十字……也许这更加预示着我还会再次来到这里，离开是为了重访……。

180　慢生活莱蒙湖畔采撷明珠　　181

慢生活莱蒙湖畔采撷明珠

180　慢生活莱蒙湖畔采撷明珠　　181

图　4-38

八、调整各项内容的边线

当有很多个形状同时出现在页面上时，如果边线没有经过统一，就很难让人感受到它们之间的关系，同时会显得杂乱无章。通过调整垂直、水平方向的边线，能让人感受到各部分内容之间的关联，给人以井然有序的印象。

此外，通过对页面各部分内容的统一，可以对内容进行逻辑上的区分，从而更容易让读者看出部分与部分之间的内在区别(图4-39～图4-41)。

图4-39中没有经过任何统一处理的状态会让读者觉得杂乱无章。

图4-40中按照水平方向整合之后产生了秩序，读者可以感受到版式的统一。

图4-41中有些部分被统一，读者会注意到错开的部分。

图 4-39

图 4-40

图 4-41

1. 统一版面的位置

在版式设计时，设定相同的页边距是有必要的。当读者看到对页的某一页时，不是按照页面的从左到右的顺序，而是按照内侧(订口)、外侧(切口)的顺序来看的。按照这种方式，在每一个页面上设定相同的页边距，当然“天地”处的页边距也是一样的，形成左右页面对称的版面结构。

版面中各项内容的横向边线已经得到了统一，而且页面整体也是按照这个标准来进行排版设计的，各部分内容很容易达到统一(图4-42和图4-43)。

图4-42是版面位置自身偏差的例子。

图4-43是由于文字在左右页面位置不同而造成的版面高度偏差的例子。

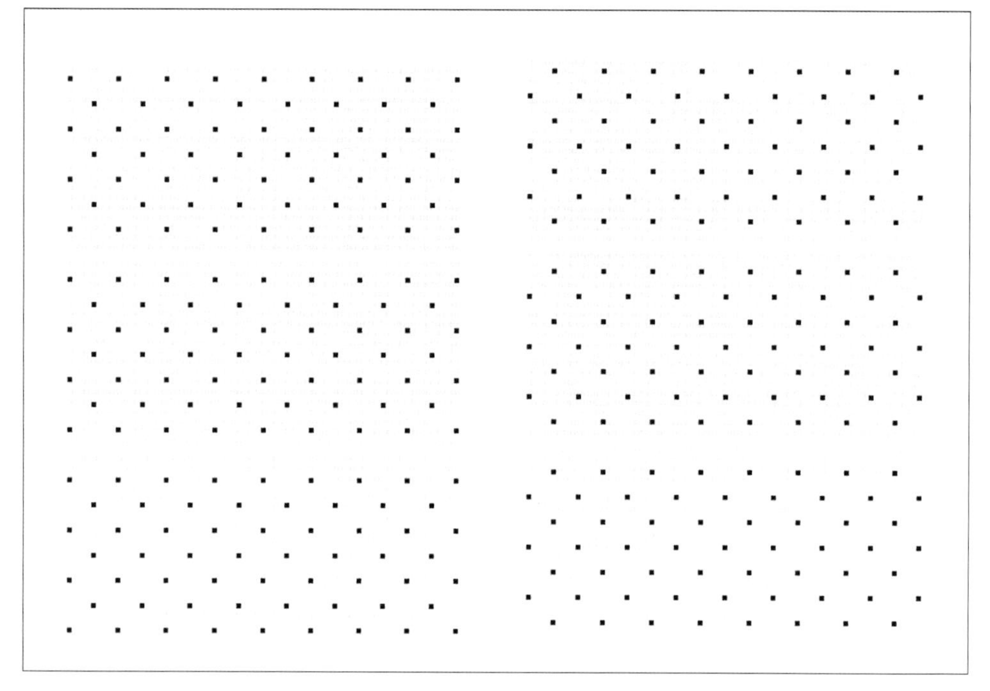

图 4-42

图 4-43

2．对齐图片和文字

将文字和图片这种不同内容的边线进行统一，也可以给人秩序井然的感觉。当利用段组的方式进行排版时，可以以段落的长度和宽度来安排图片的位置，这样就可以有效地统一边线。也可以将图片嵌入到文字中，以此来产生一些变化(图4-44和图4-45)。

图4-44中按照段落的幅宽来考虑安排图片的位置，就可以对齐文字和图片的边线。

将所有的内容都做统一的安排，就容易显得无趣。图4-45中将图片嵌入文字段落之中，产生一些变化。

图　4-44

图　4-45

3．对齐图片

对于有多张图片版面而言，有时会因为图片尺寸或纵横位置的不同，不能将图片全部统一起来。在这种情况下，可以通过对图片某条边线的统一，来减轻散乱的感觉(图4-46～图4-48)。

图4-46中多张图片排版，在没有对齐的情况下，会让人觉得散乱。

图4-47中将图片底边对齐之后，即使只对齐了一条边线，也会让人觉得整齐。

图4-48中改变图片的尺寸对齐两条边线，整齐的效果进一步加强，但是需要注意不要显得刻意和做作。

图　4-46

图　4-47

图　4-48

九、统一各元素之间的间隔

在版式设计中，可以通过调整各部分内容之间的间隔距离，来表现各部分内容之间的关联性。不要过多设定间隔的类型，如果间隔类型过多，就不容易对各部分之间的关联性进行比较(图4-49～图4-51)。

图　4-49

图4-49中间隔种类过多，不容易进行关联性的比较。

图　4-50

图4-50按照一定的间隔关系安排的形状，在表现出各部分内容是并列关系的同时，也给人整齐的印象。

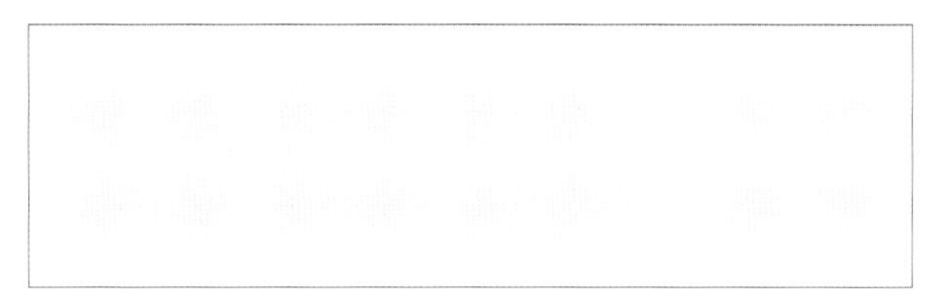

图　4-51

图4-51设定差异较大的间隔类型，突出隔离开来的内容。

1．统一图片之间的间隔

图片之间的间隔，可以有效地表现出各图片之间的关联性，以及彼此之间结合关系的强弱。在安排各图片之间间距的时候，应该预设出一定的标准。在图片排版中，还可以将两张以上的图片重叠设置，使其成为一体来表现出较强的结合关系(图4-52和图4-53)。

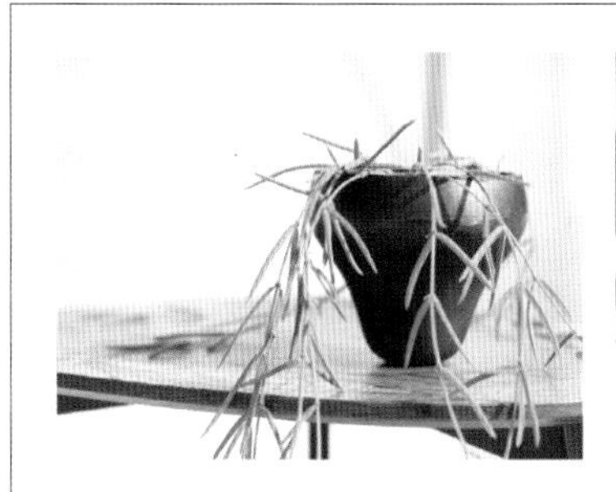

图　4-52

在图片之间的间隔设定中也需要一定的规则。间隔在表现出内容相关性的同时，也起到提高各部分内容可识别性的作用。

可以通过多张图片重叠的方式使其成为一个整体，表现出它们之间较强的相关性。

图 4-53

2．统一文字之间的间距

文字之间的间距与其他的排版要素是一样的，需确保内容的可读性和内容之间关系的相对性。在正文中保持一定的行距是基本的处理方法，如果各段落之间的行距不同，就会出现每一行的关系都不同的结果，因此必须保持固定的行距(图4-54)。

标题和正文的行距会有所不同。在段组的排版设计中，必须设定能够让人清楚地分辨出来的行间距(图4-55)。

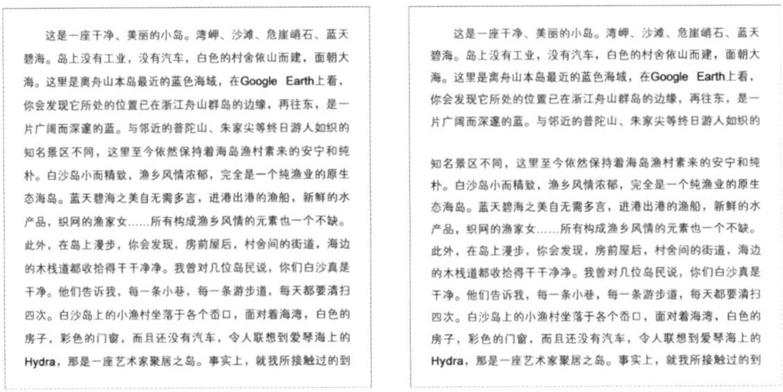

这是一座干净、美丽的小岛。湾岬、沙滩、危崖峭石、蓝天碧海。岛上没有工业，没有汽车，白色的村舍依山而建，面朝大海。这里是离舟山本岛最近的蓝色海域，在Google Earth上看，你会发现它所处的位置已在浙江舟山群岛的边缘，再往东，是一片广阔而深邃的蓝。与邻近的普陀山、朱家尖等终日游人如织的知名景区不同，这里至今依然保持着海岛渔村素来的安宁和纯朴。白沙岛小而精致，渔乡风情浓郁，完全是一个纯渔业的原生态海岛。蓝天碧海之美自无需多言，进港出港的渔船，新鲜的水产品，织网的渔家女……所有构成渔乡风情的元素也一个不缺。此外，在岛上漫步，你会发现，房前屋后，村舍间的街道，海边的木栈道都收拾得干干净净。我曾对几位岛民说，你们白沙真是干净。他们告诉我，每一条小巷，每一条游步道，每天都要清扫四次。白沙岛上的小渔村坐落于各个岙口，面对着海湾，白色的房子，彩色的门窗，而且还没有汽车，令人联想到爱琴海上的Hydra，那是一座艺术家聚居之岛。事实上，就我所接触过的到

这是一座干净、美丽的小岛。湾岬、沙滩、危崖峭石、蓝天碧海。岛上没有工业，没有汽车，白色的村舍依山而建，面朝大海。这里是离舟山本岛最近的蓝色海域，在Google Earth上看，你会发现它所处的位置已在浙江舟山群岛的边缘，再往东，是一片广阔而深邃的蓝。与邻近的普陀山、朱家尖等终日游人如织的

知名景区不同，这里至今依然保持着海岛渔村素来的安宁和纯朴。白沙岛小而精致，渔乡风情浓郁，完全是一个纯渔业的原生态海岛。蓝天碧海之美自无需多言，进港出港的渔船，新鲜的水产品，织网的渔家女……所有构成渔乡风情的元素也一个不缺。此外，在岛上漫步，你会发现，房前屋后，村舍间的街道，海边的木栈道都收拾得干干净净。我曾对几位岛民说，你们白沙真是干净。他们告诉我，每一条小巷，每一条游步道，每天都要清扫四次。白沙岛上的小渔村坐落于各个岙口，面对着海湾，白色的房子，彩色的门窗，而且还没有汽车，令人联想到爱琴海上的Hydra，那是一座艺术家聚居之岛。事实上，就我所接触过的到

图 4-54

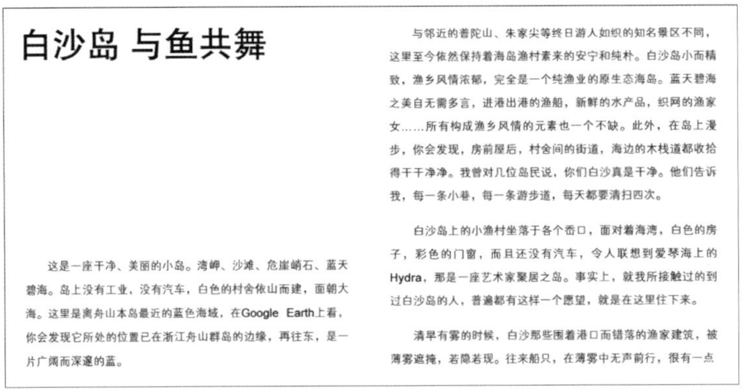

白沙岛 与鱼共舞

这是一座干净、美丽的小岛。湾岬、沙滩、危崖峭石、蓝天碧海。岛上没有工业，没有汽车，白色的村舍依山而建，面朝大海。这里是离舟山本岛最近的蓝色海域，在Google Earth上看，你会发现它所处的位置已在浙江舟山群岛的边缘，再往东，是一片广阔而深邃的蓝。

与邻近的普陀山、朱家尖等终日游人如织的知名景区不同，这里至今依然保持着海岛渔村素来的安宁和纯朴。白沙岛小而精致，渔乡风情浓郁，完全是一个纯渔业的原生态海岛。蓝天碧海之美自无需多言，进港出港的渔船，新鲜的水产品，织网的渔家女……所有构成渔乡风情的元素也一个不缺。此外，在岛上漫步，你会发现，房前屋后，村舍间的街道，海边的木栈道都收拾得干干净净。我曾对几位岛民说，你们白沙真是干净。他们告诉我，每一条小巷，每一条游步道，每天都要清扫四次。

白沙岛上的小渔村坐落于各个岙口，面对着海湾，白色的房子，彩色的门窗，而且还没有汽车，令人联想到爱琴海上的Hydra，那是一座艺术家聚居之岛。事实上，就我所接触过的到过白沙岛的人，普遍都有这样一个愿望，就是在这里住下来。

清早有雾的时候，白沙那些围着港口而错落的渔家建筑，被薄雾遮掩，若隐若现。往来船只，在薄雾中无声前行，很有一点

图 4-55

图4-54中给同种类型的正文设置相同的行距，正文内行距不统一会造成阅读的不便。

图4-55中从局部看，如果标题与接下来的正文的距离过大也不容易顺畅阅读。

3．统一图片与文字之间的间隔距离

在作为不同排版要素的图片与文字之间，需要按照预先设定的标准来确定间距，表现彼此的关系。以图片和文字说明的关系为例，一般来说采用的绝对间隔距离是1mm。当确定了图片与文字说明的间隔之后，在同一个页面中的所有图片和其对应的文字说明都要采用同样的距离。这样，每一张图片与其所对应的文字说明都能够让人一目了然(图4-56)。

同图片与文字说明一样，当页面中同时出现多组彼此相联系的内容时，应该在一个页面中适当地采用统一的排版规则。

图 4-56

第二节 图片与图形的编排

图片最基本的功能是记录，同时还有艺术和信息交流的功能。在版式设计中，选择什么样的图片需有一定的依据。首先，要结合媒体的定位来使用图片。同一幅图片放到不同的情境中会产生不同的效果，所以所谓“合适的图片”会依据图片与具体情境的关系而有

所不同。要得到适合的图片就需要在设计之前认真考虑创意并结合创意设计图片。设计过程中在进行图片剪裁的时候还需考虑到整体的构图平衡，同一幅图片不同的剪裁方式也会产生不同的效果。

一、排版中所使用的图片分类

当设计师收集到需要排版的图片材料时，首先必须对这些图片进行分类。对设计师来说，图片的分类是为排版设计提供基础的必备工作。图片中包含各种不同的内容，并且具有不同的性质，设计师必须确认图片具有什么样的性质，起到什么样的作用，哪些是主要的，哪些需放大排版等相关问题。

此外，各图片具有不同的性质，如将具有动感效果的内容、色调、角度等相似的图片集中起来，且通过设计使这些内容之间发生一些变化，以此来使页面的排版具有统一感和平衡感，这种排版方法能让内容变得易于理解(图4-57)。

在页面中的功能或意味	拍摄对象	季节或时间等周围环境的情况
作为主要视觉形象而使用 / 为了说明拍摄对象的状态而使用 / 为了强调页面的效果而使用 /	人物 / 动物 / 静物 / 室内风景 / 室外风景 /	朝 / 昼 / 夜 / 晴 / 多云 / 雨 / 春 / 夏 / 秋 / 冬 /

亮度与色调的不同	拍摄对象	季节或时间等周围环境的情况
彩色 / 单色 / 亮色 / 暗色 / 暖色系 / 冷色系 / 红色系 / 绿色系 / 蓝色系 /	正俯视 / 侧俯视 / 平视 / 低角度 / 向右 / 向左 / 正面 /	主题的位置在正中 / 主题的位置靠右 / 主题的位置靠左 / 焦距在前面 / 焦距在后面 /

图　4-57

图4-57中图片的拍摄对象包括人物、风景、物品等许多种类，即使同类内容的图片，每幅也会有所不同。是表现制作时的动态的图片，还是展现成品的图片，必须认真确定图片分类的标准。

1．根据图片的功能进行分类

在进行图片分类时，首先需考虑的是，这些图片是出于什么目的而使用的。图片的功能包括：视觉性装饰的图片，说明内容的图片，强调效果和气氛的图片等。图片包括不同的种类，用途也各不相同(图4-58)。

图4-58中即使同一幅图片，也会因为分类的标准不同而产生不同的分类结果。要结合内容选择最恰当的分类方式。

■ 分类之前的状态

■ 按照乐器的种类分类

鼓

竖琴

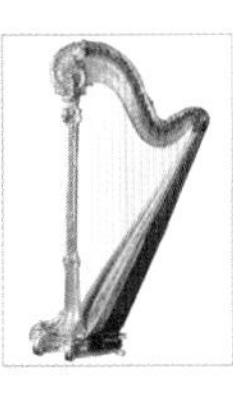

小号

■ 按照拍摄的场景分类

演奏时的场景

摆放时的场景

■ 按照图片的形状分类

纵向构图

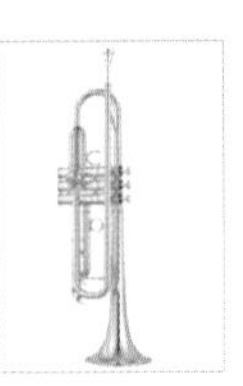

横向构图

图　4-58

2．按照图片色调进行分类

图片的亮度和色调也可以作为一种分类标准，如整体色调明亮的图片与整体色调灰暗的图片会给人不同的印象，注意到这一点再来考虑图片在页面上的排版方式对页面整体感觉的把握也是非常重要的(图4-59和图4-60)。

图　4-59

图　4-60

图4-59色调比较暗的图片能产生沉稳的效果或营造沉重的气氛。

图4-60色调比较亮的图片会产生明亮而清爽的效果，或给人轻快的印象。

3．按照图片内容进行分类

按照内容进行分类也是一种基本的图片分类方式，以时尚杂志为例，其图片构成包括在摄影棚所拍摄的使用广告商品的模特图片，在街边拍摄的随机图片，商店的外观或内景的场景图片、商品图片等。而商品图片还包括服装、鞋、手提包等许多不同的种类，对此还可以进一步划分(图4-61)。

图 4-61

图4-61即使是为同一个人拍摄的照片，也会因为摄影方式的不同产生不同的意义。比如包括动作的图片、展示面部的图片、与其他人一起出现的图片等。

4. 根据图片的构图或拍摄角度进行分类

可以根据图片的构图或图片的拍摄角度进行分类，由于角度与距离的不同，拍摄图片的效果也各不相同，如特写图片和全景图片给读者的印象有很大差别，在拍摄过程中需考虑到这一点。对于希望以同样的意思来使用的图片，如果拍摄时能够采用统一的角度，那么就可以在排版时使它们呈现出清晰的秩序。否则就会给人造成不统一的印象，而且还会使阅读变得不方便。

图片的拍摄角度也是决定排版时照片安排的重要因素。如将仰视角度拍摄的图片放在页面的上方，而将俯视角度拍摄的图片放在页面的下方，从而使页面看上去似乎是从某个定点来观看的。改变已经拍摄出来的照片的角度，基本上是不可能做到的。因此，在拍摄之前就要做好拍摄计划，按照需要来进行图片拍摄(图4-62～图4-64)。

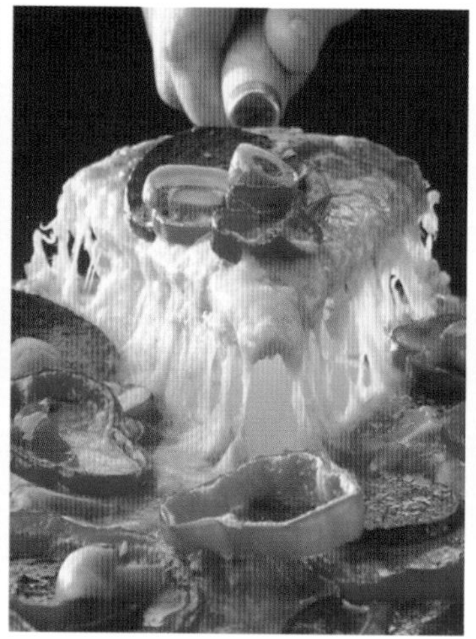
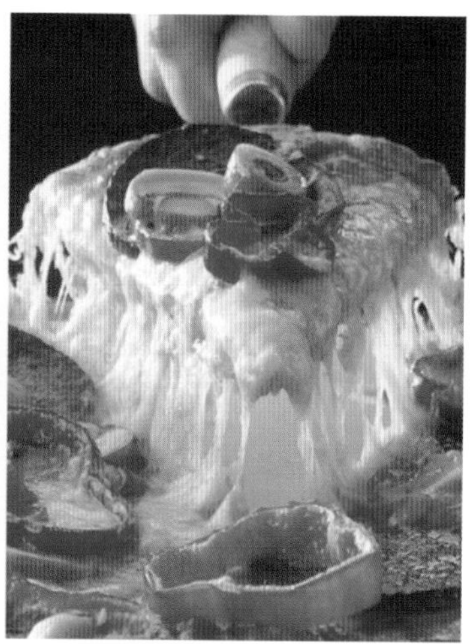

图 4-62

图4-62越是接近于特写的镜头，其图片提供的信息就会越少，但是却能够将读者的视线集中到一点。

图4-63根据任务面向的位置和相机角度的不同，图片也会有所不同。拍摄的时候，需根据排版的需要提出要求。

图4-64当排版需要在图片上添加文字的时候，需要仔细调整拍摄角度，留出足够添加文字的空间。

图 4-63

图 4-64

二、图片排列的先后顺序与大小的调整

在进行页面内容分类的同时，也可以通过对图片的功能及内容的把握来确定图片排列的先后顺序。图片排列先后顺序是排版设计工作的重要环节，如果图片的先后顺序安排得不合适，就会看不出文章的方向性。为了准确把握图片的先后顺序，需要与策划人员进行协商，把握住页面结构的基本脉络，文章的意图等内容，一旦了解需要什么样的页面效果，图片的先后顺序自然就明确了。

以介绍食品的图书为例，在版式设计过程中，可使用的资料包括食品的图片、厨师进行烹饪时的图片和餐厅的图片等。在这种情况下，如果以介绍食品为目的来构成页面的内容，那么就应该把食品的图片安排在优先的位置上作为主要内容来处理。相反地，如果以介绍厨师为目的，那么厨师的照片就成了需要优先考虑的内容(图4-65)。

图 4-65

图4-65充分考虑最重要的图片的位置，将其安排在能够吸引读者注意的位置上。这种吸引读者注意的方法有很多。

1. 将重要的图片放大

图片先后顺序确定下来后就可以进入正式的排版工作，将图片的先后顺序通过设计表现出来的最基本方法就是对图片大小的控制。

首先，最大的图片表示最重要的内容。一般来说，尺寸大的东西比尺寸小的东西更容易引起读者的注意，但是必须确定的是，图片的容量决定了这张图片到底能够放大到多大的尺寸。此外，页面的空间也是有限定的，所以放大图片尺寸也是有其限度的。因此，在进行排版设计时，可以利用图片尺寸之间的相对大小。要明确图片之间的主次关系，即使只是明确地区分出主要图片与补充图片的大小，也可以使主题明确起来。当不需要强调两张图片在顺序上的先后关系时，也可以将两幅图片调至等大，这样就可以表现出它们是并列的关系(图4-66～图4-68)。

图　4-66

图4-66为两幅图片并列式，如果尺寸完全相同，读者就感觉不出来图片之间的先后顺序。当需要表示图片之间的并列关系时，可以运用这种方法。

图　4-67

图4-67当图片的先后顺序有所差异时，通常会将需要引起注意的图片放大，也可以缩小其他图片。

图　4-68

图4-68当需要通过尺寸大小的不同来表现图片的先后顺序时，不明确的大小差别让人很难看明白，必须明确地对图片之间的大小差别进行区分。

2. 调整图片的位置吸引注意

在多幅图片中，如果有一幅的位置与其他图片有一定的距离，那么这幅图片就会比较明显。此外，如果是向右翻开的书，读者的视线会聚集在左上方，如果是向左翻开的书，读者的视线会聚集到右上方，理论上讲应该把重要的图片放在这样的位置上(图4-69)。

图 4-69

图4-69相对于以相同的间隔来排列几幅图片的方式来说，将某一幅图片与其他图片稍微拉开一点距离的排列方式，更容易使读者把目光集中到这张图片上。

3．统一图片

图片大小的不同，是表示先后顺序关系的有效手段，也可以使页面显得富有节奏的变化。但是，为了保持页面结构的平衡，还需要在一定程度上对图片的大小进行协调统一。如果图片的尺寸有一些小的差别，不同大小的图片分布于页面各个位置上，页面效果就会显得散乱(图4-70)。

图　4-70

图4-70如果图片尺寸的类型过多，那么就容易使页面显得散乱。尺寸之间的差别过小也会造成图片主次关系辨认的不便。

三、图片外形的使用

图片外形可以分成几何形图片和轮廓线形图片。几何形图片是在使用时保持四边形、圆形等几何形状的图片。有时候对图片的处理可以按照图片中对象的轮廓来进行剪裁，将图像单独提出之后再用于排版，这就是轮廓线形图片。

当希望突出拍摄对象的独特形状时，可以通过对对象轮廓剪裁方法，为四方形页面的硬边效果添加一些变化。在这种情况下，为了保证图片在剪裁之后可以使用，拍摄的时候必须考虑到将拍摄对象的所有轮廓线全部包括在图片之内，以及背景与拍摄对象的边界线要明确等问题(图4-71)。

图 4-71

图4-71如果将拍摄对象的轮廓线剪掉，图片效果就会显得不自然。若图片需要剪裁轮廓线才能使用，则拍摄时需要注意到这一点。

1．四边形图与圆形图的使用

一般来说，在图片的排版过程中，多数会运用四边形图的处理方式。以图片的外边线为标准，来确定图片文字说明的位置、调整其他文字和条目的位置等。

此外，还可以按照其他几何形状来处理。如可以按照圆形来对图片进行剪裁，圆形图片在保持了图片的外轮廓的同时还可以削弱四角的尖锐效果(图4-72)。

图 4-72

图4-72为最基本的四边形图片与剪裁成圆形的图片。越偏向于四边形，效果越自然，而圆形图能够起到人为特写的效果。

2．按照轮廓线剪裁图片

当需要让页面的图像具有动感时，可以借助按照轮廓线剪裁图片的剪裁方式。它的优点是最大限度地利用拍摄对象的形状来进行处理。对于想要充分展示对象形状的图片和展示形状特殊的物品的图片来说，这种加工方法可以考虑使用。在进行剪裁的时候，必须分清背景与被拍摄物体之间的边界，不能剪裁得不彻底(图4-73)。

图　4-73

图4-73按照物品轮廓剪裁出来的图片，更能有效地强调物品的形状，当希望页面具有一定动感时，这种方法是很有效的。

3．注意四边形图和轮廓线形图的不同

图片形状不同，处理方式应当有所区分。在安排图片说明的时候，四边形图片的文字说明一般被安排在距离图片外框至少1mm的位置。如果轮廓线形图片的文字说明也按照四边形图片与文字的距离关系来排版，有时候会给人造成压迫感，不同图片要看不同情况来安排文字说明。此外，在四边形图片与轮廓线形图片配合使用的时候，如果轮廓线形图片使用比例较高，那么页面就会显得比较热闹，在这一点上，要结合设计作品的意图来使用不同形式的图片(图4-74)。

图　4-74

图4-74中四边形和轮廓线图形分别以1mm的间隔来配置文字，轮廓线图形与文字的距离看上去更近。在处理上，需要将轮廓线图形与文字说明之间的距离扩大一些。

四、图片的剪裁

在排版的过程中，有时候会对图片进行剪裁处理。剪裁图片不仅是将不要的部分剪掉，而且也是改变图片整体的长宽比例，以调整图片效果的方式，可以根据各种目的来进行图片的剪裁(图4-75)。

图 4-75

剪裁图片可以改变原图片的长宽比例，通过这种处理，可以使图片适应排版的空间。但是，原本横向的图片的理想拍摄角度是横向拍摄，所以应尽可能避免强行强调图片的尺幅类型。

1. 通过剪裁改变图片信息量

剪裁还具有一种效果，就是能够截取图片的某一部分。通过减少一幅图片中所包含的信息量，有效地将读者的视线集中到想要展示的内容上。

对图片进行剪裁的一个重要目的是将图片中多余的部分删除，如在拍摄某人的时候，图片中包含了某个从后面走过的人等图像，这时就可以通过剪裁将不需要的部分内容删除。这种剪裁方式包含了减少信息量的危险性，应避免过度剪裁给人带来错误印象(图4-76)。

全身照

半身照

脸部照

图 4-76

图4-76人物图片中经常采用的样式包括全身照片、上半身照片、脸部照片。原则上应该根据每种图片的用途进行拍摄，但也可以通过对大图的剪裁，提取其中的某个部分。

2. 通过剪裁去除多余的部分

对图片进行剪裁的另一个重要目的是将图片中多余的部分删掉。但是，这种处理方式也会引起图片信息的调整。图片剪裁本身就包含了这样的危险性，注意避免过度剪裁给读者带来的错误印象(图4-77)。

图 4-77

图4-77通过对图片某个部分的剪裁，可能会造成意图不明的图片效果，也可能会使图片中出现与现实不一致的场景，所以对图片进行剪裁时，应注意这些潜在的危险。

3．通过剪裁调整拍摄对象的位置

拍摄对象在图片中的位置是能够左右图片带给读者印象的重要因素，最好尽可能在拍摄时对摄影师提出要求，控制拍摄对象在图片当中的位置。当图片不理想时，有时还需要在图片的排版过程中进行调整。这种情况下，可以通过对图片的剪裁来调整拍摄对象在图片中的位置(图4-78)。

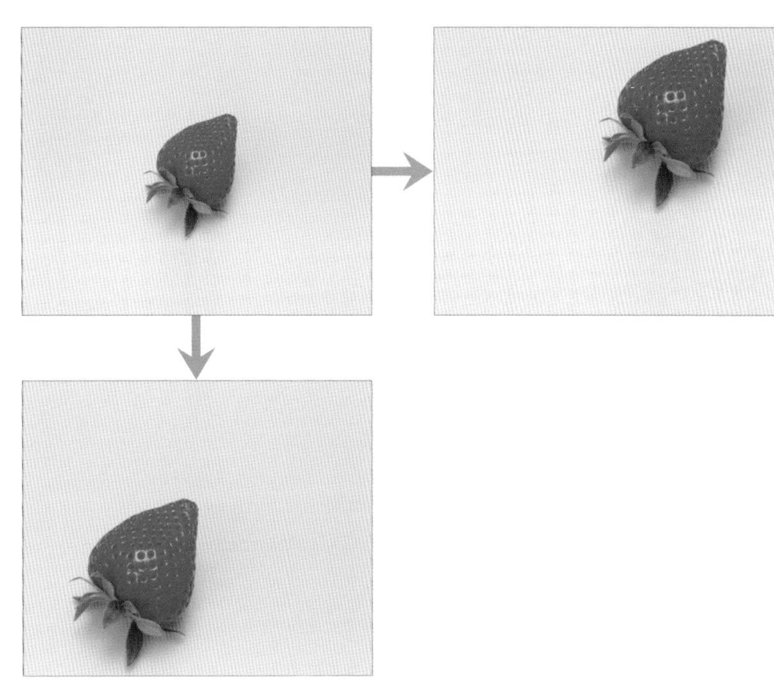

图 4-78

图4-78中右上方的图片是将原图片的上边与右边剪裁并放大，拍摄对象的位置向右上变动的实例；左下方的图片是将原图片的下边与左边剪裁并放大，拍摄对象的位置向左下变动的实例。

4．恰当的剪裁

虽然通过图片的剪裁，可以改变图片带给读者的印象，也可以使图片的主题更加明确。但是如果剪裁处理得不彻底，图片的外观就会变得让人不舒服。如在本该裁掉的部分残留二三毫米，或本该裁掉的背景部分保留了细细的一条，这些都是图片剪裁不彻底的例子。此外，应避免由于剪裁造成图片内容不能辨认，或由于剪裁造成只有一半拍摄对象可见。有些图片是不能进行剪裁处理的，如著名摄影师或艺术家的作品，以及声明不能剪裁的记录性图片(图4-79)。

图　4-79

图4-79为图片剪裁不彻底的例子，剪裁后的图片，即使残留了非常小的部分也会引起读者的注意，应该避免这种不彻底的处理方式。

此外，避免经过剪裁造成图像残缺，如剪裁人物时将手指等剪裁掉。也要注意一些人类心理习惯，对于企业或高龄者来说，很多时候不能对头部进行剪裁。将焦距不合适的图片作为特写镜头剪裁处理，得到的图片也将是难以辨识的没有细节的图片，因此，避免使用这种处理方式(图4-80)。

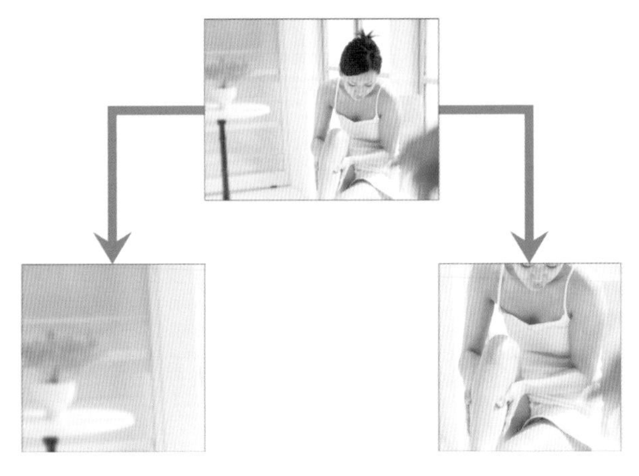

图　4-80

图4-80中右下方的图片是对人物的头部过度裁剪的例子，左下方是从焦距不合适的背景中强行剪裁的例子。需要注意并不是图片内的所有部分都可以任意剪裁的。

五、对图片中的动势及方向性的考虑

在图片中，有一些可以让人感受到动势及方向性的因素。以人物图片为例，被拍人物的动作、脸部的朝向、视线的方向等，这些都是让人感受到图片的动势和方向性的因素。可以通过对这些要素的灵活处理，来引导读者视线流动的方向，能让人感受到页面的流畅(图4-81和图4-82)。

图　4-81

图4-81中即使是同一个人物，也会因为视线方向的不同而使图片的效果和方向性有所不同。

图　4-82

图4-82中即使是针对同一种食品所拍摄的图片也有不同的表现方式，将勺子等加入画面的方式也会增加图片的动势。

1．考虑人物图片中视线的方向

人物图片中眼睛的位置特别容易引起读者的注意，读者的目光也会很自然地移向图片人物凝视的方向。在图片中人物凝视的位置安排必要的内容或使人物的目光朝向下一页的方向等处理方式，都是经常采用的可以引导读者目光移动的方法。

拍摄对象目光朝向位置的空间大小，也会对图片自身的效果产生影响。当拍摄对象的目光朝向处空间较大时，这样的构图能够给人以稳定的印象。相反，如果图片中人物目光的朝向与图片外缘直接相接，能够表现出某种变化或紧张感(图4-83和图4-84)。

图 4-83

图 4-84

图4-83中拍摄对象的目光朝向处的空间较大，能够使图片具有稳定感，一般来说这种构图较为常用。

图4-84中拍摄对象的目光朝向处的空间较小，就能够形成富于变化的构图，这种构图的使用频率不高，但也不是绝对不能用的。

2．图片的边线

图片的边线不仅包括外框四边形的水平或垂直的边线，图片中也有一些能够让人感觉像边线的线条，如水平线、地平线、高层建筑物的纵向线条、将相机倾斜拍摄所产生的斜线等，可以借助这些边线来表现空间的延伸或动态。与图片的外框一样，图片中的这些边线也可以作为排版过程中整合各项内容的标准(图4-85)。

图 4-85

图4-85由于图片剪裁位置的变动，通过图片中的横向线条来整合两幅图片的例子和没有整合的例子。水平线整合的图片看上去空间更为开阔，同时两幅图片的联系也更加紧密。

3．图片的动势

图片会由于拍摄对象动作强弱而产生程度不同的动势，如行驶中的汽车的照片动势较强，而静止状态的照片动势就较弱，可以根据这些被拍摄对象的运动感的强弱，来控制页面整体的运动感或稳定感。利用图片来使图片富于动感的处理方式，不仅指通过拍摄对象自身的动感来表现这一种方式，还可以通过将图片本身倾斜放置等方式，来打破垂直或水平的平衡来增加图片的动感(图4-86和图4-87)。

图 4-86

图 4-87

图4-86通过拍摄对象的运动或倾斜来增强图片的运动或变化的程度。

图4-87中不仅可以通过对拍摄对象的调整，也可以通过将图片本身倾斜放置来达到增强动势或变化的效果。

六、图片的位置关系

对分类后的图片再按照各种类别分别配置就会使页面产生统一感。如对两幅相同类别的图片配以一个文字说明，如果这两幅图片的组别划分不明确，那就很难理解文字说明是属于哪一幅图片的。对图片进行组别划分的最基本的方法就是通过图片之间的间距来表现，按照明确的意图控制图片之间间隔的大小(图4-88)。

寿司是传统日本食品，即可以作为小吃也可以当正餐。寿司的主料是米饭，主要烹饪工艺是煮。

图 4-88

当需要为两幅图片配以相同的文字说明时，如果图片不对齐，或者图片之间的距离过远，那么就很难看出图片与文字之间的解说关系(图4-89)。

在对齐两幅图片和拉近图片间距的同时，通过对两幅图片附加文字说明的方式，可以使读者意识到这是一种复合说明。

寿司是传统日本食品，即可以作为小吃也可以当正餐。寿司的主料是米饭，主要烹饪工艺是煮。

图 4-89

1．通过距离进行明确的组别划分

距离相近的图片之间很容易被作为同一组图片来整体对待。相反，为了表示图片分属于不同的组别，可以拉开图片之间的距离(图4-90和图4-91)。

图 4-90

图4-90中所有图片都以相同的间隔排列，就很难看出图片的组别关系。

图 4-91

图4-91中可以通过对每一组图片间隔的调整，来明确区分不同的组别。图片之间的间隔与文字不同，间隔可以为零。

2．组合图片

当需要把更多图片作为一组来呈现时，可以将它们作为组合图片来处理。图片组合会由于图片的反复效果而使人感觉页面信息充足而又凝练。

图片组合最基本的类型是所有的图片都占有相同大小的页面空间，使页面秩序井然。这种方法不以任何一张为重点展示的对象，将所有图片并列呈现。而且，将页面空间整合之后，可以形成相对复杂的分割方块，可以将纵向图片与横向图片混合放置在一起，还可以将主要的图片放大展示(图4-92～图4-95)。

图 4-92

图4-92利用组合图片来整体展示，与单幅呈现相比，这种方式给人以信息丰富的印象。

图 4-93

图 4-94

图 4-95

图4-93中每一幅图片之间留有间隙，虽然可以通过图片的边框来进行画面的分隔，但是露出空白缝隙的方式能减轻画面的压迫感，看上去更清楚。

图4-94的组合图片中，如果有一幅超出边框，或者与其他图片产生偏离等都是致命的，需特别注意。

图4-95中并非所有图片都必须设置成等大的，可以将其中一幅放大处理，也可以将横向图片与纵向图片混合摆放。可以通过对图片放置位置的改变，以及对图片之间组合方式的调整，形成多种图片组合的版式。

七、图片与文字的配置

在排版过程中，图片与文字的组合方式也是非常重要的，要避免将图片的美观性与文字的易读性同时消解的设计方式。文字说明就是与图片内容具有相关性的文字，与图片的对应关系是明确的，应避免图片与其文字说明安排距离较远，而且还应尽量将某图片的文字说明与容易误解的其他图片之间的距离拉开(图4-96)。

北海道甜点之所以出色，正是大农业为这里的美味提供了基础。种植甜菜而盛产糖，畜牧养殖提供了优质的奶油黄油乳酪，黝黑的火山土培种出小麦红小豆。说起大农业，我们不妨回溯一下北海道的历史，作为背景参照。北海道最早被称为虾夷地，曾居住着阿伊努族人。

雪国的白色恋人。北海道的甜点，最著名的小樽的六花亭、带广的柳月外，就是白色恋人巧克力饼干了。参观那座魔幻城堡般的古色古香英式花园时，整个人掉进了梦幻欢乐的奇妙童话世界。

北海道甜点之所以出色，正是大农业为这里的美味提供了基础。种植甜菜而盛产糖，畜牧养殖提供了优质的奶油黄油乳酪，黝黑的火山土培种出小麦红小豆。说起大农业，我们不妨回溯一下北海道的历史，作为背景参照。北海道最早被称为虾夷地，曾居住着阿伊努族人。

雪国的白色恋人。北海道的甜点，最著名的小樽的六花亭、带广的柳月外，就是白色恋人巧克力饼干了。参观那座魔幻城堡般的古色古香英式花园时，整个人掉进了梦幻欢乐的奇妙童话世界。

图 4-96

具有对应关系的图片和文字说明之间的间隔是1mm，该文字与其他非对应关系图片之间的间隔应该比这个间隔更大。如果每一幅图片与每一段文字说明之间的间隔都相等，那么就很难辨别哪幅图片与哪段文字说明是相互对应的关系。

1. 对齐图片与文字

作为一般性规则，应该将文字段落与图片的宽度或高度统一起来，否则会让人觉得不协调。如果所有的内容都被处理得完全统一，有时也会给人带来憋闷的感觉，整齐中加入变化是一个要点。应避免不彻底的图片处理，图片之间是统一还是有所差别，这种关系处理不明确的图片是不会显得美观的。把应统一的部分统一起来，应拉开距离的部分大胆拉开，避免整理不充分的散乱排版(图4-97)。

文本框与图片的高度或宽度对齐是最基本的处理方式，如果图片与文字稍有偏差(图4-97)，就会显得不自然。

图4-98中文本框与对应的图片顶对齐(上图)或底对齐(中图)是最基本的处理方式。要避免不彻底的处理方式(下图)。

图　4-97

图　4-98

2．避免图片切断文字

版式设计的一个要点是不能损坏版面的可读性，如果在文字段落中插入图片，阅读的视线就会被打断，读者可能会不知道从什么地方继续下去。在一行文字当中，也不应该在不合适的位置插入图片。可以考虑在文本段落的开头和结尾处插入图片，当无论如何也要在文本段落中插入图片时，也应该将图片安排在不会造成文本段落不通顺的位置上。在插入图片时，应该在充分考虑不妨碍视线流动的同时进行排版设计(图4-99)。

图4-99中如果在段落中插入图片，文字就会因为图片的打断而难以顺利阅读，在可能的情况下，应把图片插入到段落的开始或结尾处。

图 4-99

3．在图片中插入文字

有些情况下必须在图片中插入文字。在这种情况下，一个重要的前提是，不要将文字覆盖在需要重点展示的拍摄对象上。插入图片的文字最好采用不影响文字可辨识性的颜色，可将白色或黑色作为基本的文字备选颜色，同时需注意过于纤细的字体也会不易辨识(图4-100和图4-101)。

图 4-100

图 4-101

图4-100中插入图片的文字要选择容易辨识的颜色，基本上最好选择白色或黑色。如果选择同一色系的颜色会使文字难以识别。

图4-101中将文字放在不影响图片效果的位置上，应尽量避免将文字覆盖在需要重点展示的对象上。

八、使用图片的规则

在图片处理过程中，存在一些人们习惯的规则，主要体现在以下几个方面。

不要让谈话人物的图片面向页面之外；在人物图片之上不要安插物品的图片；年龄或职务高的人的图片不要低于年龄或职务低的人的图片；不要随意对人物图片进行加工使用；禁止对图片进行过分剪裁；禁止将文字安插在图片中重点表现形象之上；使用图片需标明版权。

如果不遵守这些规则，不仅会造成视觉上的不协调，很多时候还会造成对拍摄对象的不礼貌，因此应注意此类问题。这些规则也不一定都是非常严密的，有时候按照读者或拍摄对象的理解，也可以不完全遵守这些规则。但这些大多都是常规性的习惯，在版式设计中也要考虑到。

1．谈话图片的朝向

对访谈类的内容的版式设计来说，原则上图片中人物的视线应朝向内侧，如果所有人的视线都朝向外侧，就会给人造成散乱的印象，最好按照拍摄计划进行合理角度的拍摄(图4-102～图4-104)。

图　4-102

图　4-103

图4-102使人物图片朝向版心方向，以表现出谈话的氛围。

如果人物图片分别朝向不同的方向，那么很难向读者传达出谈话的氛围。但是在暗示两种观点的时候或表现人物对立的文章中可以选择这种处理方法(图4-103)。

图　4-104

图4-104中通过反转处理，原本朝左的图片变成了朝右，人物面部带给人的印象也发生了变化，其他的图片与背景也失去合理性，这种处理方法是被禁止的。

2．图片的上下关系

当对多幅图片进行排版时，如果横向排列所有图片，一般不会有什么问题，在必须将图片纵向排列的情况下，就要注意人物的职务以及年龄等问题，将上司或年长者的图片放在上面是基本原则。此外，在图片排版中也要保持协调的视觉效果，如将天空的图片安排在页面的上方，将有一定重量的图片安排在页面的下方等。这一点是与将仰视角度的图片放在页面上方，而将俯视角度的图片安排在页面下方是一致的(图4-105～图4-107)。

图 4-105

图4-105中将职务较高或较年长的人放在靠上的位置是一条基本规则。位置颠倒会显得不礼貌。

图4-106中尽量避免将物品或风景放在人物图片的正上方。

图4-107中当处理天空与地面或大海的上下关系时，最好按照实际中的上下关系来安排，如果颠倒过来就会显得不协调。

图 4-106

图 4-107

第三节　文字的编排

版式设计中，文字的编排也是非常重要的环节。文字排版中很重要的一个问题就是对易读性的考虑，如果由于设计师自我满足的文字排版而使版面变得难以阅读，这种设计就是错误的设计。当然，如果能同时兼顾易读性与美观就更好了。过去的设计师总结和研究过很多版式设计的理论，对这些理论的了解是必要的，如莫里斯、包豪斯、网格设计等理论，但是这并不是说某一种理论就是最好的，什么都不考虑而只是按照规则处理也是不行的。每种理论都有产生的原因和背景，并不能适用于所有的情况，如将莫里斯的页边距等理论直接套用在中文的排版问题上就不能取得好的效果，因为中文和英文不同。对于中文而言，如果对页订口处的空间过于狭窄，就会让人觉得两边的文字是连到一起的，但是英文就不会出现这种状况。所以，必须根据具体的情况而采用恰当的理论来进行处理。

一、与效果相称的字体选择

版式设计中所使用的字体有许多种类，为了向读者展示不同的形态，需要仔细体会各种字体的特点。字体是会对页面效果产生重大影响的要素，如果选择不当，就会导致与主旨偏离的结果。

1．使用宋体表现稳重的效果

宋体的字体很像用笔写出来的，手写的感觉较强烈，多用于文字量较大而又希望读者能够平静阅读下去的文章之中，是一种稳重内敛的字体，如果用于大标题，则会产生味道不同的高雅趣味(图4-108)。

图4-108为在标题及正文使用宋体的实例。

2．使用黑体加强效果

黑体的笔画横竖一致，相对宋体来说，人工设计的感觉比较强，也常用于强调力量较强的效果。标题等字号较大的文字如果选择黑体，会比宋体更容易给人带来较为强烈的印象，也更加青春时尚(图4-109)。

图4-109中在标题和正文使用了黑体，在有底色的部分中加入白色文字，这种情况下最好采用较粗的字体，这是一个基本原则。

大溪地 最接近天堂的地方

大溪地 最接近天堂的地方

大溪地距离最近的大陆也有5000公里，因而在很长一段时间，这片岛屿对于世人是个谜一样的地方。在大约4000年前，东南亚的移民按照天上星星和洋流的指引来到了这里最大的岛屿——Ma'ohi岛，成为了现在波利尼西亚大溪地人的祖先。经过几千年岁月的冲刷，当年祖先的文化仍然鲜活地保留下来。

大溪地是极度浪漫的旅程。你可以在南太平洋蔚蓝的海水中乘坐豪华游轮，在白沙环绕的环形礁湖底畅游，在绝美的水上屋内足不出户观赏美丽的环形礁湖，在别墅的户外长廊吃一顿美味的早餐，或者在落日余晖的映照下享受浪漫的双人晚餐与香槟。也可以尽情选择种类繁多的运动，如潜水、喷气机、深海钓鱼以及打一场富有异国情调的高尔夫。在那儿，由国际大师JackNicklaus设计的高尔夫球场被公认为世界上最漂亮的球场之一。

住在极富浪漫情调的水上屋，每天清晨，服务员把早餐用独木舟送到你的窗前，吃过早餐，尽情地享受二人世界，蓝天碧海，冲浪，潜水，深海钓鱼，高尔夫，浪漫的晚餐和冰镇的香槟，新人可以享受的大溪地式传统婚礼……日子在大溪地是过得飞快的，因为从来浪漫不知时

180 旅游生活

北海道 天籁下的轻舞

北海道 天籁下的轻舞

这次真真正正做了一回“甜点之旅”上的甜蜜饕客。缤纷、精致、梦幻、美味，像是魔幻般回归到童年，一路上绽放在旅途的甜品店家，琳琅满目如花朵般芬芳悦目的各式菓子，光看了就有种幸福四溢的感觉！

北海道甜点之所以出色，正是大农业为这里的美味提供了基础。种植甜菜而盛产糖，畜牧养殖提供了优质的奶油黄油乳酪，黝黑的火山土培种出小麦红小豆。说起大农业，我们不妨回溯一下北海道的历史，作为背景参照。北海道最早被称为虾夷地，曾居住着阿伊努族人。16世纪末，现青森县的松前氏渡海建造了福山城，占领了这块土地。进入江户时代后，俄罗斯人南下，再不久北海道就成为幕府的直辖地。1869年始更名为北海道，开始了真正的开发。当时从美国聘请了克拉克博士等人进行指导，坚持进行寒带旱田农业生产的研究，为现在的大农业奠定了基础。

重视家族团圆快乐的民风使人们更加珍惜团聚在一起的温馨时间，茶道的盛行也使这种精美的佐配茶点愈发风靡。很多传承数十年百十年的家族产业，其迷人的美味甜点已成为优雅与品质的象征。

181

图 4-108

栂池高原雪场，是小谷村的三个雪场之一，它是这里唯一拥有直升机登顶的雪场，听听都很气派。

童话般的雪世界

我们从栂池高原雪场向下滑行

见到了几天来久违的太阳，阳光照耀着对面的雪山

看到各色各样的房舍镶嵌在白雪皑皑之中，举目望去，到处都是美不胜收的画面。

1 天籁下的轻舞

2 蔚蓝宁静的高原明珠

3 体验汤池生活

栂池高原雪场，是小谷村的三个雪场之一，它是这里唯一拥有直升机登顶的雪场，听听都很气派。乘直升机登上山顶饱尝一览众山小的感觉，然后从最高的山顶一泻而下。我们从栂池高原雪场向下滑行，见到了几天来久违的太阳，阳光照耀着对面的雪山，透过参天的顶着积雪的大树，看到各色各样的房舍镶嵌在白雪皑皑之中，举目望去，到处都是美不胜收的画面。

图 4-109

3．注意设计字体的使用

除了宋体、黑体这些一般性的字体外，还有许多能够匹配各种效果的设计字体，当需要传达某种独特的效果时，如果灵活使用这种字体就会得到比较好的效果。使用时需要注意，设计字体各自具有的特点、定位都比较强，如果选用了不合适的字体，就会导致与预期效果完全不同的结果。另外，由于设计字体本身所能够传达的情感比较强烈，过分使用会使页面显得散乱，需要注意它的使用(图4-110)。

图 4-110

图4-110为在直播广告媒体中让人感受到数码效果的设计字体的例子。

二、字体和字号的设定

在有多项文本内容的情况下，字体相同的内容很容易被当作功能相同的要素，而字体不同的文字则很容易被当作功能不同的要素。利用这个特点，可以通过设定不同的字体而使读者区分出标题、正文等各种要素的功能。通过这样的处理，信息能够清楚地表现出来。如果一个页面中字体或字号种类过多，会给人造成页面散乱的印象，为功能相同的内容设定统一的字体和字号是有效的文本处理方式(图4-111和图4-112)。

文字的颜色也很重要，不要任意无规则地使用。对功能不相同的部分进行同样的文字设置会很难区分。

图4-112中标题和正文段落分别用不同颜色及字号设置，可以让标题部分一目了然。

奶油培根意大利面做法：
(1)培根改刀，切小块；白蘑菇洗净，切片；洋葱洗净，切丁。
(2)取一深锅，先将水煮开，放少许盐及面，煮至面软硬适中(煮开后约再煮10分钟左右)即可取出，放点橄榄油拌匀备用。
(3)同时在平底锅中放点黄油，依次放入洋葱、大蒜、白蘑菇，培根炒香，倒点高汤(没有用水放点鸡精也可)，加入1/2淡奶油。
(4)把意大利面倒入平底锅中，并加入剩余淡奶油，稍煮会儿，撒上黑胡椒和盐。
(5)另在帕玛森乳酪的碗中打一个鸡蛋，搅拌倒入平底锅中和其他材料迅速搅拌混合，即可装盘，撒上欧芹。

番茄肉酱意大利面做法：
(1)锅中烧水，待水沸腾后加入一勺盐，滴入几滴橄榄油(这样可以防止意大利面粘在一起，吃起来也会更加美味可口)。
(2)将面散放下锅，用筷子充分搅动，以免面条粘在一起。
(3)参照意大利面外包装上提供的时间标准，提前1分钟左右确认其硬度。取一根面条确认其硬度。可用指甲将其掐断，若面条中心仍有像针尖一般大小的白心的话，即为“软硬适中”(所谓软硬适中就是指有嚼劲儿)。
(4)用漏勺捞起面条，沥干水分，用纯净水泡一下，盛入盘中。

图 4-111

奶油培根意大利面做法：
(1)培根改刀，切小块；白蘑菇洗净，切片；洋葱洗净，切丁。
(2)取一深锅，先将水煮开，放少许盐及面，煮至面软硬适中(煮开后约再煮10分钟左右)即可取出，放点橄榄油拌匀备用。
(3)同时在平底锅中放点黄油，依次放入洋葱、大蒜、白蘑菇，培根炒香，倒点高汤(没有用水放点鸡精也可)，加入1/2淡奶油。
(4)把意大利面倒入平底锅中，并加入剩余淡奶油，稍煮会儿，撒上黑胡椒和盐。
(5)另在帕玛森乳酪的碗中打一个鸡蛋，搅拌倒入平底锅中和其他材料迅速搅拌混合，即可装盘，撒上欧芹。

番茄肉酱意大利面做法：
(1)锅中烧水，待水沸腾后加入一勺盐，滴入几滴橄榄油(这样可以防止意大利面粘在一起，吃起来也会更加美味可口)。
(2)将面散放下锅，用筷子充分搅动，以免面条粘在一起。
(3)参照意大利面外包装上提供的时间标准，提前1分钟左右确认其硬度。取一根面条确认其硬度。可用指甲将其掐断，若面条中心仍有像针尖一般大小的白心的话，即为“软硬适中”(所谓软硬适中就是指有嚼劲儿)。
(4)用漏勺捞起面条，沥干水分，用纯净水泡一下，盛入盘中。

图 4-112

1．明确表现出不同内容的差别

可以通过几种方式区别不同的内容，如改变文字的字号、改变文字的颜色、改变字体、改变行距等。其中最容易处理的就是改变文字的字号，这时应避免产生的变化非常微弱，应明确区分不同内容的文字字号。

2．对需要突出的文字的处理

相对于字号小的文字而言，字号大的文字更容易吸引读者的注意。除了字号的区别还有其他的能够让人感受到各项内容的差别的因素。可以设置不同的颜色，如所有文字的字体都是黑体时，如果其中一项内容设以不同的颜色，那么这部分文字就会比较突出。用特点鲜明的方式来处理标题等最希望引起读者注意的字体部分，这种方法是经常采用的(图4-113)。

图 4-113

图4-113中反白文字尽量不选用纤细的宋体而是采用右图中样式的黑体。

3．使用粗度不同的字体家族

可以通过对字体的改变来表现功能的不同。但是，如果同一个页面中出现了很多不同种类的字体，那么就会使页面整体显得不统一，还可能使页面显得散乱，为解决这个问题，需要对同一字体的家族进行活用，如黑体家族的字体相同但文字的粗度却不相同。对于需要被作为不同内容来处理的部分，可以通过分别使用这种家族字体中不同粗度的字体，来使每项内容都有所变化，并且同时还保持了页面整体上的效果和风格，这样可以将页面处理得井然有序(图4-114)。

图4-114对相同文字分别设以粗度不同的黑体家族字体。在英文中也同样存在家族字体。

布拉格之恋	love of Prague
布拉格之恋	**love of Prague**
布拉格之恋	*love of Prague*
布拉格之恋	love of Prague
布拉格之恋	love of Prague

图 4-114

三、考虑到易读性的正文设计

正文设计上要考虑文章的易读性，便于阅读的文字排版并不一定有“正确标准”之类的具体设计参考值，主要取决于设计师自己的判断。一定程度上的标准还是有的，以行距为例，一般要保持约为文字大小的1.5～2倍。这样的标准也不是能够适用于所有的情况。媒体中所包含的内容、效果，甚至包括读者年龄在内的情况等，文章的易读标准会根据这些具体情况而发生变化。应注意到这些问题，并且要考虑到读者的定位来进行文字的排版(图4-115和图4-116)。

图 4-115

图 4-116

图4-115这是假定以成年人为目标对象设计的页面。

图4-116是假定以儿童为目标对象设计的页面。

四、对齐文字

排版中最重要的一条理论就是，把应该对齐的部分对齐。这一理论不仅应用于图片，同时也适用于文字材料的处理。如将每一个段落的字行对齐，以及将一个对页上横跨两页的字行对齐等，这些都是基本的处理方法(图4-117)。

在进行段落排版时，将各段的字行相互对齐是基本要求。若如图4-117中下图所排版，字行有所偏离看上去就会很不协调。另外，图片说明的文字部分的栏宽与照片的宽统一，或者与其他内容统一处理的情况也是很多的。当然，如果所有内容都处理得过分统一，那也会使排版显得单调，这也是需要注意的问题。一定程度上的整齐排列，能够使页面显得有秩序。

长野 一个童话般的雪世界

如果你想过一把滑雪的瘾，就到日本的长野去。如果你想在国内戒掉滑雪的隐，也到长野去。长野遍布着雪场，名副其实的滑雪胜地。

长野的雪场，包括整个日本规模比较大的如白马这样的滑雪场，大多分布在长野县的北部。举目望去到处遍布着雪场。我们到了赤仓度假观光雪场、志贺高原滑雪场、白马八方尾根滑雪场、白马五龙滑雪场、栂池高原滑雪场和HAKUBA47雪场等。还到了著名的白马村和小谷村，这里是1998年长野冬奥会的赛场之一。

白马村和山之内町都有1998年长野冬奥会滑雪项目的场地，现在仍可以看到一些当年比赛用过的滑道。

对冬奥会不太关注的我们，似乎也忽略了长野这个名字。但世界上喜欢冬季运动的人们，会寻找到这里，来享用冬奥会的遗产。

白马拥有9个雪场，这9座雪场之间有免费的公交车往来，在这里可以任意选择雪道的难易程度，享受滑雪的乐趣。

白马八方尾根雪场，从名字就可以感受到，雪场的雪道就像马的尾巴一样，一条条向下流淌。雪道海拔落差能达到一千多米，长达8000米。看着从山上冲下来的同伴们，嘴里只有一个字，爽！这个雪场非常大，据说想把这里的雪道都体验上一遍，即使是熟悉这里的滑雪高手，也要用上两天多的时间。

白马五龙滑雪场与HAKUBA47雪场两个雪场连接在一起，这里有标准的U型滑道、单板跳台、以及各种体育设施和雪上乐园。来到这里的游客，在白马五龙雪场滑高山长道，又可选择雪上嬉戏的雪地摩托、雪上漂移船之类的游乐项目，这些项目大大提升了这个雪场的人气。白马五龙雪场还有白马地区最大的夜间滑雪场，登山缆车券可在山顶任意选择不同方向的雪道。它的服务中心、购物中心、租赁中心也都是最全面和完善的。

栂池高原雪场，是小谷村的三个雪场之一，它是这里唯一拥有直升机登顶的雪场，听听都很气派。乘直升机登上山顶饱尝一览众山小的感觉，然后从最高的山顶一泻而下。我们从栂池高原雪场向下滑行，见到了几天来久违的太阳，阳光照耀着对面的雪山，透过参天的顶着积雪的大树，看到各色各样的房舍镶嵌在白雪皑皑之中，举目望去，到处都是美不胜收的画面。

雪胜地。

长野的雪场，包括整个日本规模比较大的如白马这样的滑雪场，大多分布在长野县的北部。举目望去到处遍布着雪场。我们到了赤仓度假观光雪场、志贺高原滑雪场、白

白马拥有9个雪场，这9座雪场之间有免费的公交车往来，在这里可以任意选择雪道的难易程度，享受滑雪的乐趣。

白马八方尾根雪场，从名字就可以感受到，雪场的雪道就像马的尾巴一样，一条条向

滑雪场，登山缆车券可在山顶任意选择不同方向的雪道。它的服务中心、购物中心、租赁中心也都是最全面和完善的。

栂池高原雪场，是小谷村的三个雪场之一，它是这里唯一拥有直升机登顶的雪场，

图 4-117

1．不要出现过多栏宽

正文部分的栏宽基本上都会被设定为一致的，但是对于图片说明的文字段落而言，也可以根据具体的安插位置来设定不同的栏宽。需要注意的是，如果一个页面中设定了过多行宽不同的图片说明，也会造成页面整体效果的不统一。为避免出现这种情况，在对页中可以按照3种类型来将图片说明确定为长的、短的、中等的，这也是一种有效的方法(图4-118)。

汽车在蜿蜒曲折的山路上艰难地盘旋着，公路两旁的树木披上了一层层白雪，在夕阳的映照下，像一幅幅线条简练而又色彩厚重的油画。林中的村庄，炊烟袅袅，红灯映雪，充满了生气和暖意，上山的路面被厚厚的积雪覆盖着，北风吹来，公路和树林如银波雪浪此起彼伏地翻滚，万树银花在眼前纷至飘落，好一派北国冰封、万里雪飘的别致景色。

我抬头望去，只见在天池脚下，在震耳欲聋的长白瀑布旁，在这冰天雪地的山谷里，在奔腾咆哮的二道白河岸边，竟有一缕缕的蒸汽在款款地升腾、缓缓地舒卷、静静地飘散，宛如人间仙境。

我忙下车跑了过去，起初，还以为是山间的云雾呢，等走近仔细一看，才发现这里有十几处地热，大如碗口，小比指粗，这蒸汽来自于分布在约100平方米地面上的温泉群，水温达60～70℃，有的高达82℃。水流之处，粗糙的岩石经水常年浸泡，一改灰白的本色，它以绚丽的色彩，把周围的岩石、沙砾染成碧蓝、金黄、翠绿、殷红等深浅不一的颜色，在氤氲的水汽中，闪烁着五光十色的光芒。因泉水中含有较多的硫化氢气体，30多个泉眼终年蒸汽弥漫，散发着热气，温泉的底部常有许多气泡向上翻滚，并发出开锅似的响声。水流深处，有碧绿的耐热苔藓、地衣、维管等植物，在静静地流动，既神秘莫测又壮观非凡。正如诗人曰：“天地游罢下群峰，游兴未减倦意浓，更喜温泉池水净，飞尘浴后一身轻。”

据当地人说：多年间这些不择而出的众多温泉，其实是长白山地热活动异常的具体体现。据史料记载，从1597年至1702年的100多年间，长白山火山就曾3次爆发，最后一次喷发距现在还不足300年，所以余热未尽。在这种情况下，雨水经过通到地表的地层裂隙，向地壳深处渗入，被地热逐渐加热后形成地下热水。这些热水越积越多，最后在地壳压力的作用下，冲出地层裂隙，重新喷出地面，就形成了暴露在自然状态下的温泉。

长白山温泉来源于地层深处，富含钙、钠、钾、镁、硼、钛、

图 4-118

2．设定合适的段落间距

段落与段落之间必须有一定的距离。如果这种距离不够，读者从字行末尾折回，移向下一行的视线就会与移向下一段的视线发生冲撞，导致阅读无法顺利进行。如果段落之间的距离过远，也会让人产生段落之间联系不强的感觉。因此，设定合适的段落间距是很重要的。通常将段落间距设定为大约两个文字的大小。当然，这个标准也不是绝对的，有时候可以通过刻意地设定狭窄的段落间距，让读者产生紧凑的印象。

单元训练与拓展

课题：自拟主题设计宣传册

■ 要求：

(1) 在设计宣传册的过程中，重点放在对图形的处理与再设计上，文字内容自行策划。

(2) 尺寸：开本自定。

(3) 时间：6学时。

■ 目的：通过宣传册设计的训练，掌握视觉元素的编排技巧。

思考题

(1) 在宣传册的设计过程中，如何体现设计的整体性？

(2) 用于印刷的作品在设计过程中，要注意哪些事项？

第五章　版式设计的执行运用

教学要求：认识和了解版式设计的基本程序，熟悉版式设计针对不同媒介的执行运用。

教学目标：了解版式设计的运作过程。

教学要点：掌握正确的设计流程和方法，形成良好的设计观。

教学方法：课堂讲授、练习与点评。

第一节　版式设计程序

版式设计的过程包括项目规划、资料收集、资料分析与创意构思和设计表现4个阶段。

一、项目规划

在设计项目展开之前，需要对设计项目进行初步规划。规划的目的在于准确了解委托方的意图和目标市场，以保证设计工作顺利进行，实现设计目标。

1．接受任务

在开始接受设计任务时，首先要与委托方进行充分的沟通，以客户提供的相关资料为依据，了解设计要求和市场情况，明确设计目标和设计任务。

2．项目背景调查

项目背景调查是进行方案设计的基础和前提，是接受任务后的首要工作。项目背景调查的主要内容包括：根据设计要求和委托方提供的相关资料，对项目进行全面、细致的分析；调查、了解目标市场的实际情况，收集与项目相关的资料与信息。

3．提出设计理念

设计理念是设计者对项目所产生的诸多思考的归纳、提炼和总结。设计理念必须以委托方的需求和市场的反馈为基础，在调查、策划和分析的基础上进行版式设计和创意，提炼出最准确的设计理念。

4．确定设计风格

设计风格不仅受社会环境和地域特征的影响，还会受设计者本身的创作构思和习惯等因素的影响。对版式设计作品来说，确定设计风格不仅要考虑上述因素，还要考虑构成版式设计作品的视觉组成要素。这些要素包括色彩倾向、造型方法、装帧设计等。

二、资料收集

1．资料收集的素材内容

在进行版式设计过程中需要收集很多方面的素材，如文字、图形、图像等。文字可选用电脑系统中自带的字体，也可以安装字体到电脑系统中。图形可以通过手绘获得，也可以从专业的图形素材库里取得。图像可以从委托方方面获得，可以自行拍摄，也可以制作拍摄计划，请专业的摄影公司拍摄，同样可以从专业的图像素材库中取得。

2．资料收集的方法

在进行版式设计时，资料收集的方法有很多，如通过与委托方的沟通，掌握项目的基本情况或向委托方索要项目基本资料；有些项目需要制作拍摄计划，根据拍摄计划拍摄所需要的图片资料；查阅相关书籍获取文字资料；运用网络平台，搜索出所需要的参考资料；访问相关人员获取相应信息等。

三、资料分析与创意构思

将所收集的资料进行整理并分析。在进行了项目规划、资料收集和分析后，设计师通过有意识的思考，即搜索、接受和重组相关的信息，制定出初步的创意构思方案，再以初步的创意构思方案为基础，进一步思索和酝酿创意构思方案重新组合的可能性，最后制定出设计战略。制定的设计战略要用文字说明设计的内容、表现手法、风格、传递媒介和技术实施的可行性等。除文字外，还可借助图片等形式进一步阐述设计的主要思想。

四、设计表现

在经过项目规划、资料收集、分析和设计构思等工作之后，需要将版式设计的理念以严谨、规范的方式表现出来，通过合适的途径来传达所要表达的形象和信息。

第二节　包装的版式设计

包装是品牌理念、产品特性、消费心理的综合反映，它直接影响到消费者的购买意愿，是建立产品与消费者亲和力的有力手段。包装作为实现商品价值和使用价值的手段，在生产、流通、销售和消费领域中，发挥着极其重要的作用。包装的功能是保护商品、传达商品信息、方便使用、方便运输、促进销售、提高产品附加值(图5-1～图5-4)。

图　5-1

图　5-2

图　5-3

图　5-4

图 5-5

包装设计是平面设计中最为多样化的一个领域，是较为复杂的平面设计。因为包装设计最终会被转换到三维的表面上。在考虑包装设计的外形要素时，还必须从形式美法则的角度去认识它。按照包装设计的形式美法则结合产品自身功能的特点，将各种因素有机、自然地结合起来，以求得完美统一的设计形象(图5-5～图5-10)。

在进行包装的版式设计时，要考虑外形要素、包装的功能和形式美法则来进行包装设计。

图 5-6

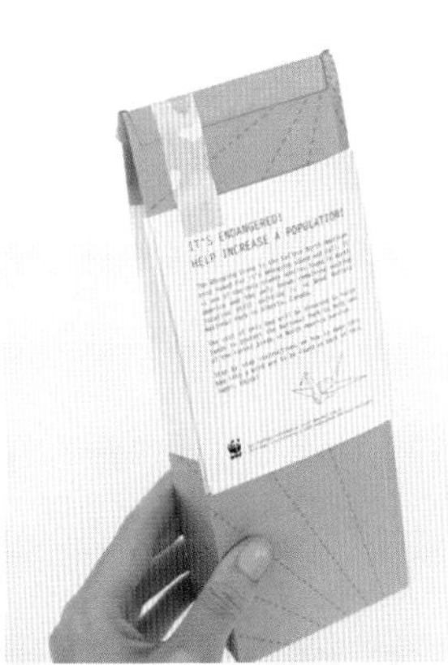

图 5-7

图 5-8

图 5-9

图 5-10

包装设计的一个重要环节是对材料要素的考虑和使用，材料要素是商品包装所用材料表面的纹理和质感，它往往影响到商品包装的视觉效果。利用不同材料的表面变化或表面形状可以达到商品包装的最佳效果。包装用材料，无论是纸类材料、塑料材料、玻璃材料、金属材料、陶瓷材料、竹木材料，还是其他复合材料，都有不同的质地肌理效果。材料要素直接关系到包装的整体功能、经济成本、生产加工方式及包装废弃物的回收处理等多方面的问题(图5-11～图5-14)。

图　5-11

图　5-12

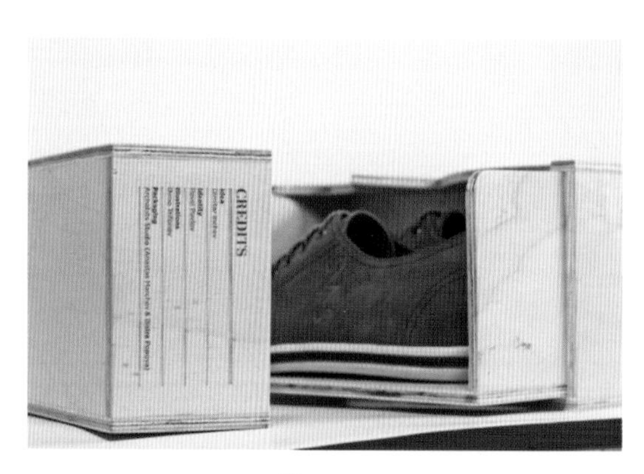

图　5-13

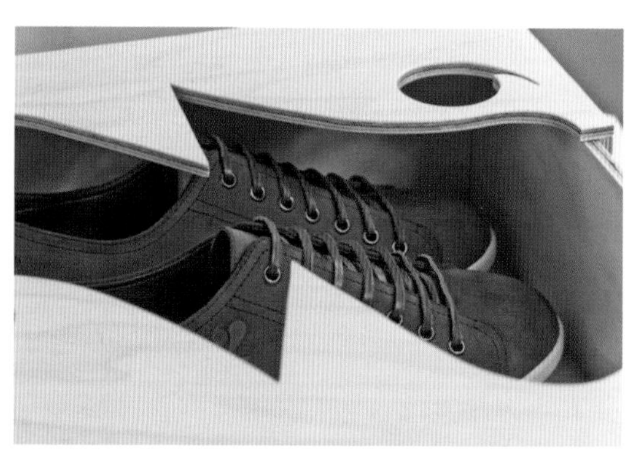

图　5-14

图5-11～图5-14为根据材料的不同特点来执行版式设计在外包装中的运用的例子。

第三节　书籍的版式设计

书籍的版式设计包括封面、扉页、版权页、目录、正文等的设计。在书籍版式设计时，既要考虑独立页面的特殊设计，又要考虑多个页面的整体设计。书籍通过页面设计来组织大量的信息，虽然有各种类型，但大多数是以文字为主的。

书籍从内容方面大致可以分为生活文艺、人文社科、科学教育、经济管理、青少年读物等类型。

一、书籍的封面设计

书籍的封面设计包含面封、封二、封三、底封、书脊及勒口的设计。面封设计一般包括书名及汉语拼音、作者信息名、出版者信息等文字，还要有体现该书的内容、性质、体裁的装饰形象、色彩、图案等设计要素。底封设计一定要配合面封的风格进行设计，一般有书籍的拓展介绍、定价、图案、条形码等信息。书脊是连接面封及底封的部分，主要内容是书名及出版社等信息，以便查阅(图5-15)。

图　5-15

图5-15为书籍的封面结构示意图，进行设计时要如图5-15所示，建立文件进行设计。

对书籍的封面进行版式设计时，首先要对该书的内容加以了解，在理解的基础上进行设计。对版面设计风格、图案、色调及有关元素都要整体考虑，要与书的内容统一协调，让读者通过面封就能了解书籍的大概内容及主题思想(图5-16～图5-23)。

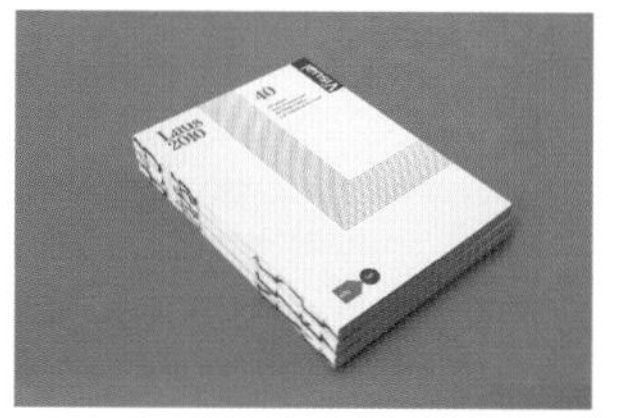

图　5-16

图　5-17

图　5-18

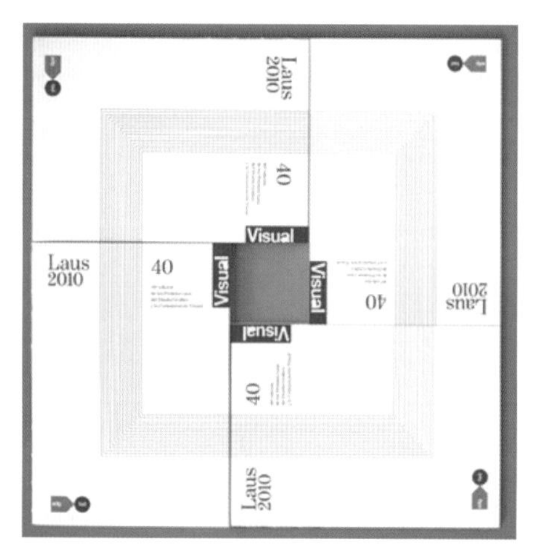

图　5-19

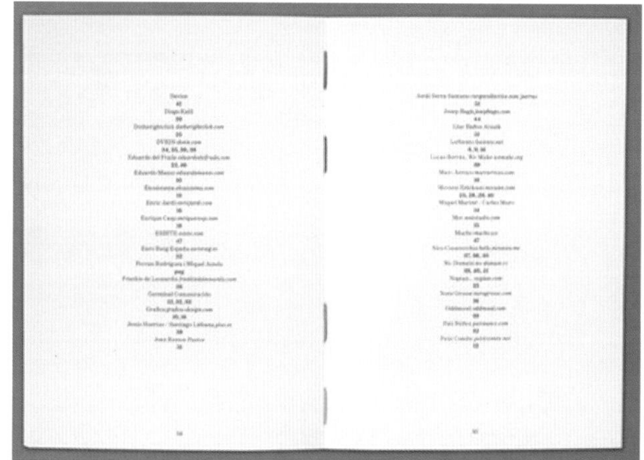

图　5-20

图　5-21

图　5-22

图　5-23

图5-16～图5-23这8幅版式设计，很好地运用了版式设计的原则。通过简洁的主体信息排列和适当的留白，突出了设计传达的主体视觉要素，强调洁净与秩序性。

二、书籍的内文版式设计

书籍的内文版式设计包括版权页(版本记录页)、扉页、目录、内容页的设计。不同的页面有不同的要求，在设计时要根据文字内容做相应的版式变化。在同一本书中，无论其格式和内容如何，正文必须统一字号、行距等，保持版心(订口)的基本一致。内文版式设计主要是处理好标题、副标题、页码、正文、注文、图表相互之间的关系，使版面主次分明、协调、美观、便于阅读。字体不可使用太多(三四种内为宜)也可以用字体区分开标题及正文(图5-24～图5-27)。

图 5-24

图 5-25

图 5-26

图5-26中内文的设计需考虑当前版面和整个设计的关系，考虑设计的前后穿插与变化、设计的统一和协调等问题。

图 5-27

图 5-28

图 5-29

图 5-30

图 5-31

第四节 宣传册的版式设计

宣传册包含的内容非常广泛，不但包括面封、封底的设计，还包括环衬、扉页、内文版式等。因其内容多、信息量大，各种相关的设计元素繁杂，在进行版式设计时，要求设计师对宣传内容及版式编排具备整体把握能力。从宣传册的主题思想、开本、字体选择到目录和版式的变化。从图片的排列到色彩的设定，从材质的挑选到印刷工艺的求新，都需要做整体的考虑和规划，合理调动一切设计要素，将他们有机地融合在一起，达到宣传的目的。

宣传册的版面大小、色彩、印刷、材质、工艺可以自由地设计选用，种类多样，灵活多变，主要分为广告单页和介绍样本。

广告单页是指宣传单页或者折叠式的折页，主要适用于商品介绍、产品说明，以及企业形象推广、宣传等。

当宣传内容较多时，一般将宣传折页装订成册，也就是介绍样本。它包括商品宣传册、企业宣传册、产品目录、商品图形等各种册子。它是为内容多、题材广、容量大的宣传而设定的宣传媒体(图5-28～图5-37)。

宣传册的设计，主要用于介绍说明等，设计过程中要考虑到版面和信息容量的关系。

图5-32～图5-34为区别于宣传单页的另一种形式——折页，折页的页数不限，可以对折、三折等，也可设计风琴状折页。

图 5-32

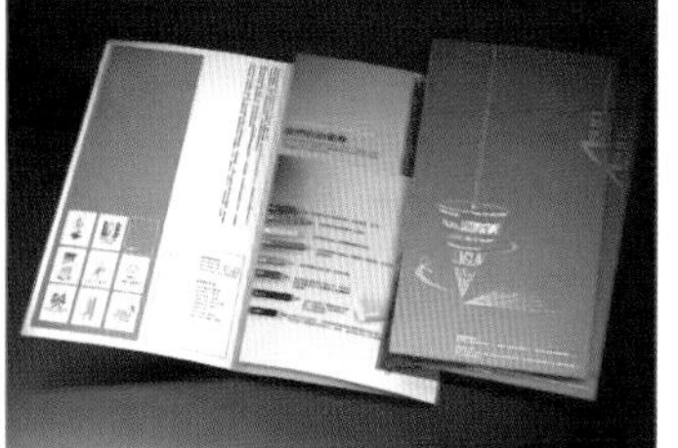

图 5-33

图 5-34

图 5-35

图 5-36

图 5-37

如图5-37中当需编排的内容较多时，通常需要设计宣传册，开本、页数、材质不限，形式较为灵活。

第五节　网页的版式设计

网页的版式设计是网页设计师依照设计的目的和要求，对网页的构成要素进行艺术性规划的创造性思维活动(图5-38～图5-43)。

图　5-38

图　5-39

一、网页的页面组成

1．页面

页眉的主要作用是定义网页页面的主题。根据网页类型的不同，页眉一般包括标题、网站Logo和导航栏等内容。页眉的主要作用是让浏览者能够迅速地了解网站内容分类并进行选择(图5-44)。

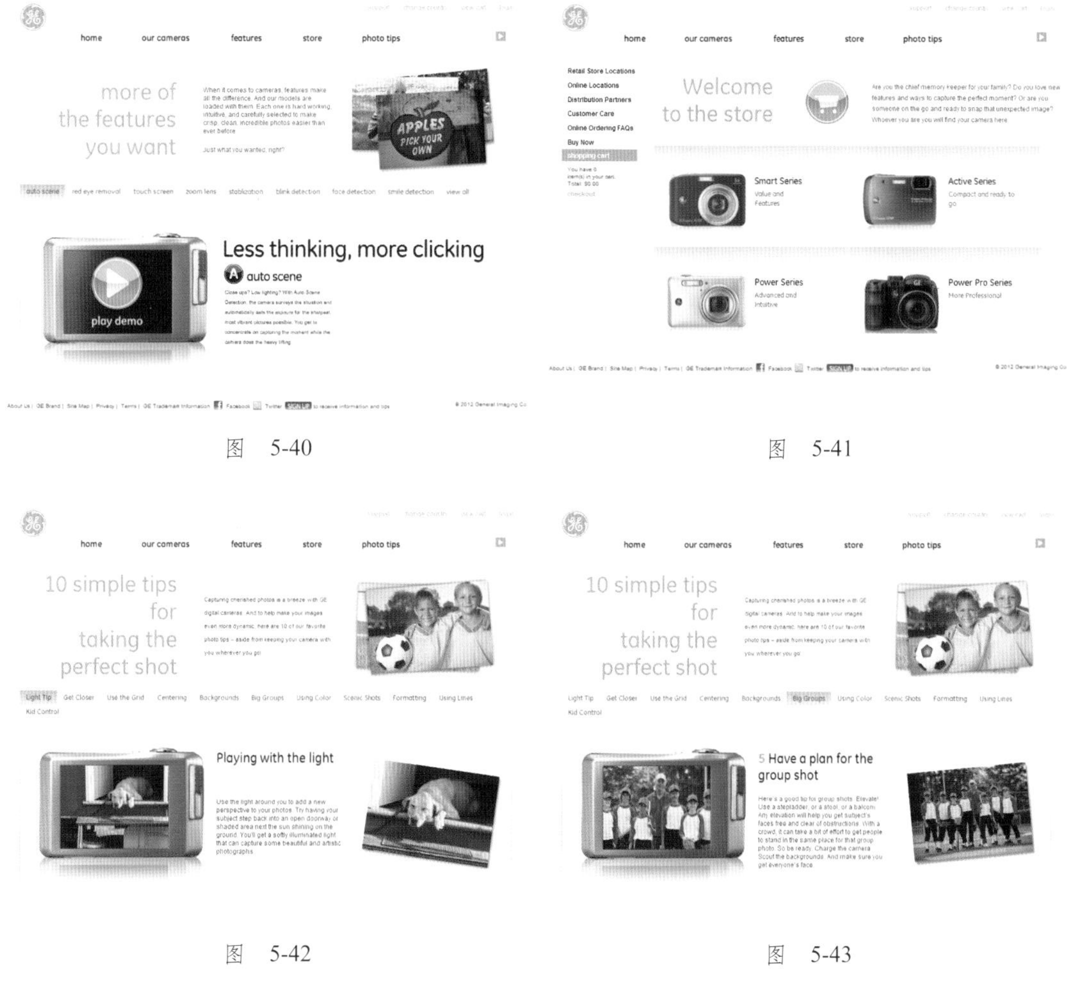

图 5-40

图 5-41

图 5-42

图 5-43

图 5-44

2. 内容

网页的内容主要包括文本、图片、声音、动画、视频等，文本和图片是网页版式设计中最重要的组成部分，处理好二者的关系是整个页面版式设计的关键。图片在网页的版式设计中占有很大比重，网页中的文字起到补充说明和导航分类的作用(图5-45和图5-46)。

版
式
设
计

Make CNN Your Homepage
THIS WEEKEND
Pope's butler arrested in document leak investigation
LATEST NEWS
UK condemns 'appalling crime' in Syria
Suspect in Patz case on suicide watch
Neighbors: Suspect had quiet family life
Widow of Flight 93 pilot dies, friend says
Space crew enters Dragon capsule
U.S. sailor is 3,000th Afghan war death
General retracts suicide remark
Mom of 3 kids abandoned in shed found
2 dead, 8 wounded in Finland shootings
Opinion: How to get fast GDP growth
China hits back on U.S. human rights
Opinion: How to avoid high gas prices
Brazil president vetoes part of forest bill
She was raised by 2 tied to dad's death
45K mail handlers get $15K buyout offer
Singer 'Doc' Watson in critical condition
Willie Nelson smoked pot at W.H.
Spain bank woes threaten Europe
Hey! A bear is right behind you!
Olympic gold or best sex ever?
See skydiver land without parachute
Woman has 56-lb. tumor removed
Ticker: Romney backer's 'birther' claims
Atop Everest's peak, after yak attack
Burglar meets worst watchdog ever
Lawmakers throw punches over bill
HEALTH
Music is changing your brain
Implants allow deaf to hear words, not music
TRAVEL
Air travel: Remember when ...
Photos: Inside the Cannes Film Festival
Spurs poised to win, but ... yawn?
The day we bought Madonna's house
the CNN Freedom Project
Ending Modern-Day Slavery
CNN.com/freedom
WEATHER
GO
Atlanta, GA
90°
Cloudy
MARKETS
Markets Closed
Indexes
Dow
-74.92
Nasdaq
-1.85
S&P
-2.86
Get quotes
CNN TV

图　5-45

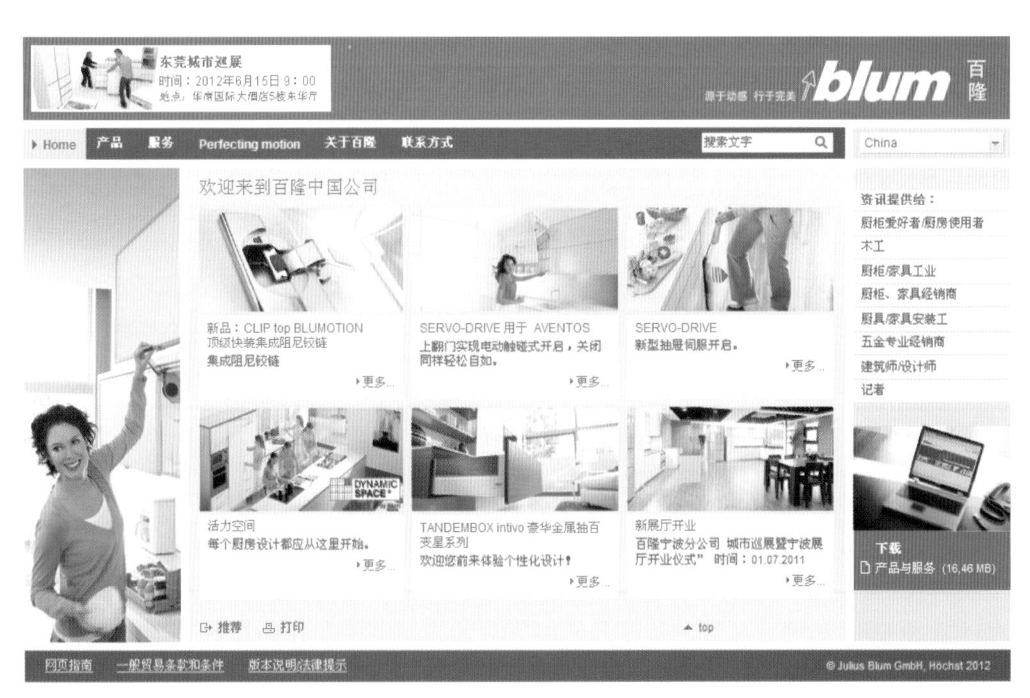

东莞城市巡展
时间：2012年6月15日 9：00
地点：华南国际大酒店5楼东华厅
blum
百隆
Home
产品
服务
Perfecting motion
关于百隆
联系方式
搜索文字
China
欢迎来到百隆中国公司
新品：CLIP top BLUMOTION
顶级快装集成阻尼铰链
集成阻尼铰链
更多...
SERVO-DRIVE 用于 AVENTOS
上翻门实现电动触碰式开启，关闭同样轻松自如。
更多...
SERVO-DRIVE
新型抽屉伺服开启。
更多...
资讯提供给：
厨柜爱好者/厨房使用者
木工
厨柜/家具工业
厨柜、家具经销商
厨具/家具安装工
五金专业经销商
建筑师/设计师
记者
活力空间
每个厨房设计都应从这里开始。
更多...
TANDEMBOX intivo 豪华金属抽屉系列
欢迎您前来体验个性化设计!
更多...
新展厅开业
百隆宁波分公司 城市巡展暨宁波展厅开业仪式" 时间：01.07.2011
更多...
下载
产品与服务 (16,46 MB)
推荐
打印
top
网页指南
一般贸易条款和条件
版本说明/法律提示
© Julius Blum GmbH, Höchst 2012

图　5-46

3．页脚

页脚是放置制作者或者制作单位信息的地方(图5-47和图5-48)。

Home | Video | NewsPulse | U.S. | World | Politics | Justice | Entertainment | Tech | Health | Living | Travel | Opinion | iReport | Money | Sports
Tools & widgets | RSS | Podcasts | Blogs | CNN mobile | My profile | E-mail alerts | CNN shop | Site map

CNN © 2012 Cable News Network. Turner Broadcasting System, Inc. All Rights Reserved.
Terms of service | Privacy guidelines | Ad choices | Advertise with us | About us | Contact us | Work for us | Help

CNN en ESPAÑOL | CNN Chile | CNN Expansion | العربية | 한국어 | 日本語 | Türkçe
CNN TV | HLN | Transcripts

图 5-47

设置首页 - 搜狗输入法 - 支付中心 - 搜狐招聘 - 广告服务 - 客服中心 - 联系方式 - 保护隐私权 - About SOHU - 公司介绍
Copyright © 2012 Sohu.com Inc. All Rights Reserved. 搜狐公司 版权所有

经营性网站备案信息　不良信息举报中心　不良信息举报热线　北京网络行业协会　网络 110 报警服务　不良视听节目举报　中国互联网协会　北京文化市场举报热线　诚信网站

增值电信业务经营许可证B2-20090148 京ICP证030367号
网络文化经营许可证 文网文【2008】059号
京公网安备110000000011号

互联网新闻信息服务许可证
信息网络传播视听节目许可证
互联网出版许可证

客服热线：86-10-58511234 客服邮箱：webmaster@vip.sohu.com
举报热线：86-10-62728061 举报邮箱：jubao@contact.sohu.com

图 5-48

二、网页的框架

网页上内容信息非常多，同时网页媒体具有非线性阅读的特点。要将众多的信息有条理地展示，就要有合理的结构安排。较为常见的网页版式设计结构有“同”字形框架、“国”字形框架、“匡”字形框架和“川”字形框架。

1．“同”字形框架

“同”字形框架的页面顶部是主导航栏，下面左右两侧是二级导航栏、登录区、搜索区等，中间是内容区(图5-49和图5-50)。

图 5-49

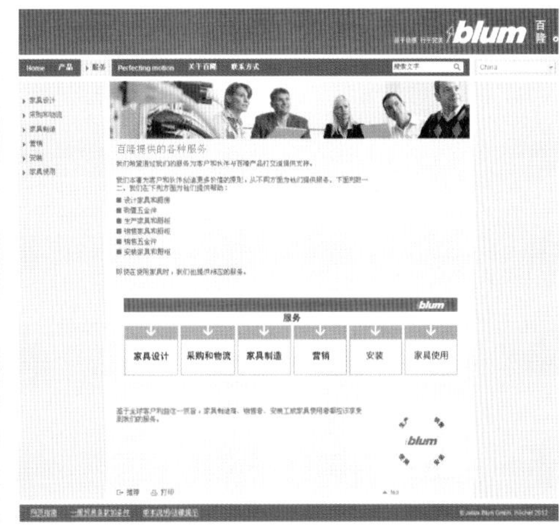

图 5-50

2.“匡”字形框架

“匡”字形框架是在“国”字形框架的基础上演化而来的，它去掉了“国”字形版式右边的边框部分，给主内容区释放了更多空间(图5-51和图5-52)。

图 5-51

图 5-52

3．“川”字形框架

“川”字形框架的整个页面在垂直方向上被分为几列，网站的内容按栏目分布在这几列中，最大限度地突出主页的索引功能，这种网页版式一般适用于栏目较多的网站(图5-53和图5-54)。

图 5-53

图 5-54

三、网页的层次

网页版式设计的层次主要是指网页与网页之间的相互链接关系。一个页面可以和另一个页面链接，也可以和多个页面链接。在网页版式设计中安排页面链接关系要遵循两个要点：①要符合浏览者的浏览习惯和思维习惯，浏览者接收信息一般是先看标题，再单击查看相关内容；②主页面与分页面要保持相互链接，便于浏览者相互切换。

网页链接关系主要有树状链接结构和星状链接结构两种形式。

1．树状链接结构

首页链接指向一级页面，一级页面链接指向二级页面，以此类推。浏览者在浏览时一级一级进入，一级一级退出。树状链接结构的优点是条理清晰，浏览者能够明确位置；缺点是浏览效率较低，从一个栏目下的子页面进入另一个栏目下的子页面，必须返回首页才能再进入。一般内容较少的网页可以采用这种链接结构(图5-55)。

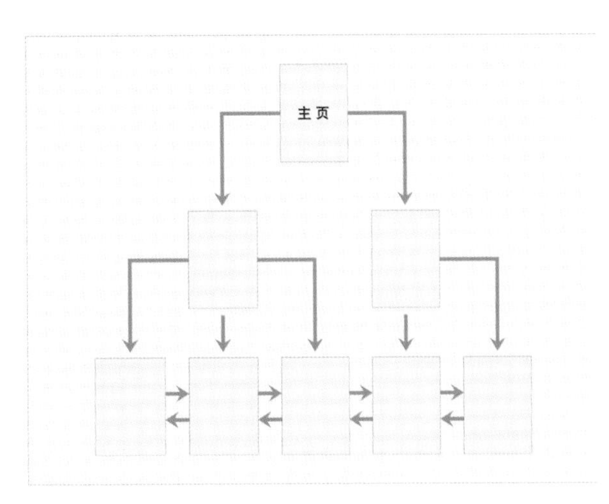

图　5-55

2．星状链接结构

在每一个网页设置一个共同的链接枢纽，使所有网页都可以通过枢纽保持链接，链接枢纽是所有网页的入口。星状链接结构的优点是浏览方便，浏览者可以随时切换到自己想看的页面；缺点是由于链接太多，容易使浏览者无法快速明确所在的位置。这种链接要求每次翻页都要将页面全屏刷新，因此在显示速度上会慢一些(图5-56)。

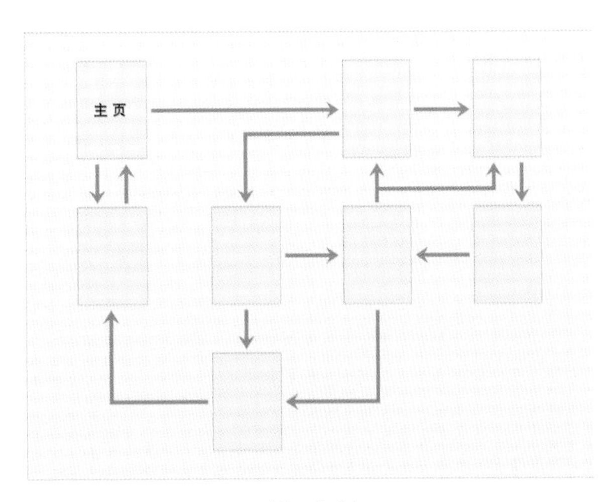

图　5-56

第六节　招贴广告的版式设计

招贴广告的英文为POSTER，是指展示于公共场合的告示，又名海报或宣传画，属于户外广告。分布于各处街道、影(剧)院、展览会、商业区、机场、码头、车站、公园等公共场所，在国外被称为“瞬间”的街头艺术。虽然如今广告业发展日新月异，新的理论、新的观念、新的制作技术、新的传播手段、新的媒体形式不断涌现，但招贴始终无法被取代，仍然在特定的领域里施展着活力。

招贴设计按题材内容大致可分为社会公共招贴、商业招贴及艺术招贴3种。

社会公共招贴通常以社会公益性问题为题材，具有服务性、宣传性和倡导性。它的特点是主题突出、目的明确、内容专一，图形多服务于文字。常见题材有纳税、戒烟、环境保护、倡导遵守社会公德、交通安全、卫生服务等，此外还有以社会政治活动为题材的，包括重大方针政策、社会团体的宣传、征兵等(图5-57～图5-60)。

图　5-57

图　5-58

图 5-59　　　　图 5-60

商业招贴是以促销商品、获得盈利为目的的宣传招贴，经常涉及商业产品、电影广告、促销活动宣传等内容(图5-61～图5-66)。

图 5-61

图 5-62

图　5-63

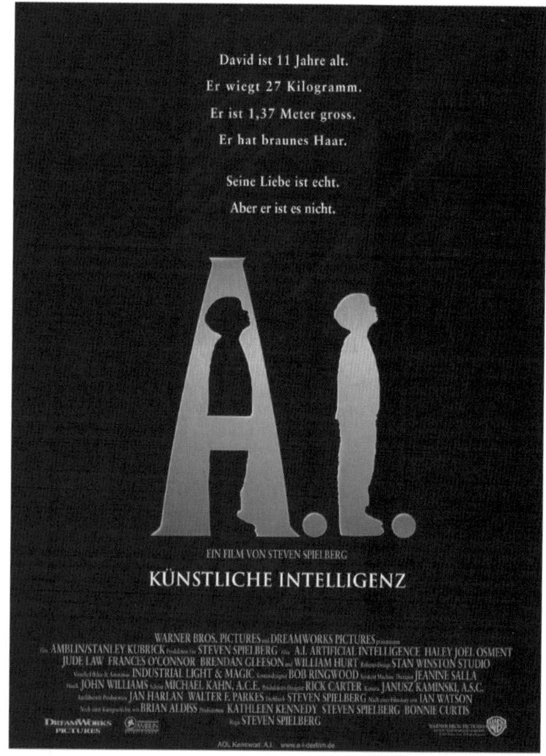

图　5-64

图　5-65

图　5-66

艺术招贴以传达纯粹美术创新观念、艺术欣赏为目的，注重主观意识、个人风格和情感的表达。特点是设计方式不受限制，较能体现个性风格，发挥设计师的创新思想。艺术类招贴多用于各类绘画展、设计展、摄影展等(图5-67～图5-72)。

图 5-67

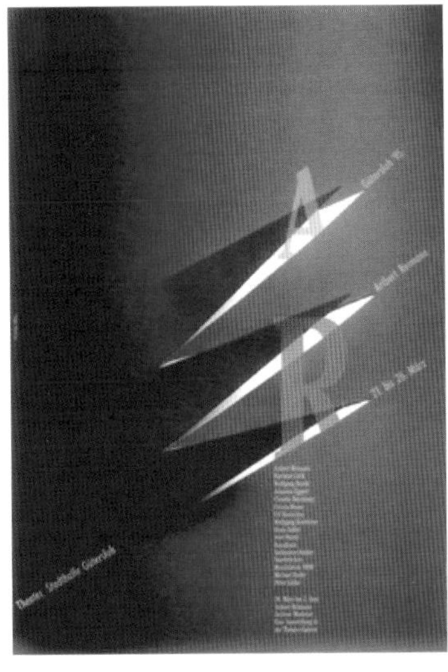

图 5-68

图 5-69

图 5-70

图 5-71

图 5-72

单元训练与拓展

课题：对常见的版式设计作品进行案例解析

■ 要求：

(1) 分别对某个包装设计、书籍设计、宣传册设计、网页设计、招贴设计作品进行案例解析。

(2) 用于解析的案例要求有好的视觉表现力，应用版式设计相关理论对其进行解析。

(3) 时间：3学时。

■ 目的：通过案例解析课题的训练，进一步理解版式设计相关理论。

思考题

(1) 版式设计的基本过程是什么？

(2) 思考材料、工艺与版式设计的关系。

参 考 文 献

[1] 何宇．版式设计[M]．北京：人民美术出版社，2010．

[2] [英]加文·安布罗斯，[英]保罗·哈里斯．版式设计[M]．刘清，朱飚，译．北京：中国青年出版社，2008．

[3] 王战．现代广告设计理念与方法[M]．长沙：湖南师范大学出版社，2008．

[4] [美]蒂莫西·萨马拉原．设计元素：平面设计样式[M]．齐际，何清新，译．南宁：广西美术出版社，2008．

[5] [美] 金伯利·伊拉姆．栅格系统与版式设计[M]．王昊，译．上海：上海人民美术出版社，2006．

[6] 钱永宁．版式设计创意指南[M]．上海：上海科学技术文献出版社，2009．

[7] 王绍强．版式设计风格化[M]．南宁：广西美术出版社，2004．

[8] 许期卓．美国报纸视觉设计[M]．北京：中国人民大学出版社，2008．

[9] 许楠，魏坤．版式设计[M]．北京：中国青年出版社，2009．

[10] 朴明姬．版式设计[M]．北京：人民美术出版社，2011．